U0159170

远　见　成　就　未　来

GROUP

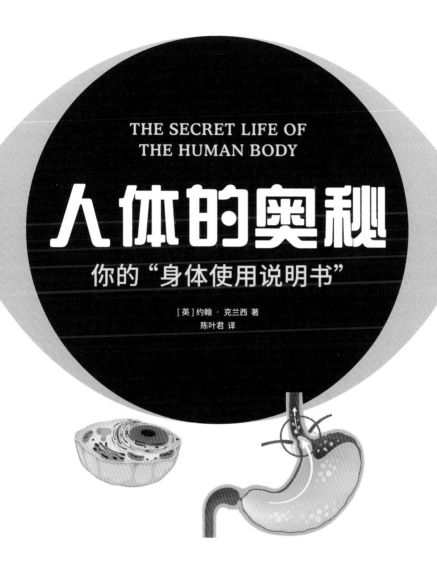

THE SECRET LIFE OF
THE HUMAN BODY

人体的奥秘

你的"身体使用说明书"

[英] 约翰·克兰西 著

陈叶君 译

中国出版集团

中译出版社

图书在版编目（CIP）数据

人体的奥秘 / (英) 约翰·克兰西 (John Clancy)
著；陈叶君译. -- 北京：中译出版社，2021.3
ISBN 978 7 5001-6366-4

Ⅰ. ①人… Ⅱ. ①约… ②陈… Ⅲ. ①人体—普及读
物 Ⅳ. ①Q983-49

中国版本图书馆CIP数据核字(2020)第197038号

The Secret Life of the Human Body:
First published in Great Britain in 2018 by Cassell Illustrated,
an imprint of Octopus Publishing Group Ltd
Carmelite House, 50 Victoria Embankment
London EC4Y 0DZ
Edited and designed by Tall Tree Limited
Copyright © Octopus Publishing Group Ltd 2018
All rights reserved.
John Clancy asserts the moral right to be identified as the author of this work.

版权登记号：01-2019-7371

人体的奥秘

出版发行：中译出版社
地　　址：北京市西城区车公庄大街甲 4 号物华大厦六层
电　　话：（010）68359101；68359303（发行部）；
　　　　　68357328；53601537（编辑部）
邮　　编：100044
电子邮箱：book@ctph.com.cn
网　　址：http://www.ctph.com.cn

出 版 人：乔卫兵
特约编辑：冯丽媛　任月园
责任编辑：郭宇佳
译　　者：陈叶君
封面设计：今亮后声·王秋萍　胡振宇

排　　版：壹原视觉
印　　刷：山东临沂新华印刷物流集团有限责任公司
经　　销：新华书店

规　　格：710 毫米 × 880 毫米　1/16
印　　张：17
字　　数：150 千字
版　　次：2021 年 3 月第 1 版
印　　次：2021 年 3 月第 1 次

ISBN 978-7-5001-6366-4　　　　　　定价：68.80 元

前 言

你即将开启一场探索人体奥秘的旅行。几千年来，人们一直在观察和研究人体，试图了解正常与异常发生的机制。

探索人体

直至 16 世纪末，医生们依然仅凭肉眼来研究人体，治疗疾病往往需要依靠"直觉和胆量"。随着时间的推移，关于人体的基础知识也有了突飞猛进的增长。20 世纪，以光学和电子显微镜为代表的新技术使我们在研究上如虎添翼。

诞生于 1953 年的电子显微镜给我们的知识带来了重大的突破。同年，沃森和克里克宣称他们发现了"生命的秘密"，并公布了脱氧核糖核酸（DNA）的结构。除此之外，医学成像技术的普及，例如 X 射线、超声波、三维计算机断层扫描（CT）以及磁共振成像（MRI）等，也极大扩展了我们对人体基本结构的了解。

2003 年公布的《人类基因组计划》（*Human Genome Project*）可谓人体研究史上的一项创举。它明确了人体 46 条染色体中 2.5 万个基因的确切位置，并在 2007 年首次将整个 DNA 序列上传到互联网上。或许在不久的将来，我们的基因图谱也会添加到自己的病历中，从而使我们能够得到个性化的诊疗。

你可能会问，接下来会发生什么？

目前，关于人类基因组的研究仍在进行。几乎每星期都会发现某个与健康或疾病性状相关的基因序列。关于基因，下一个研究目标就是去识别基因活性的产物。某些科学家加

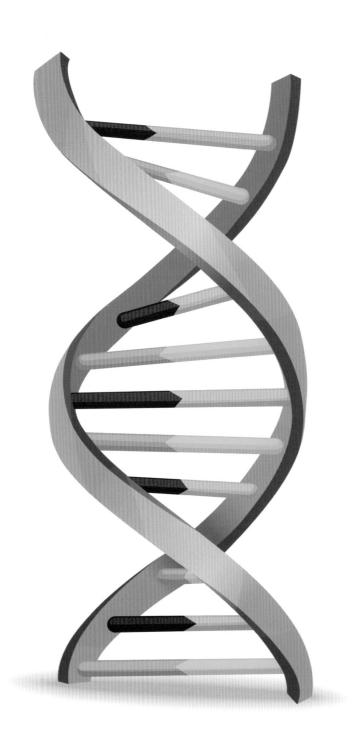

→ DNA 分子复杂的双螺旋结构被视为基因蓝图，它不仅决定了人类命运，还维持着个体差异。

入了"人类蛋白质组计划"，研究酶这种基因产物的结构与功能活性。

这些研究可以帮助我们了解细胞的内部活动，并且可以应用在药物设计上，根据个体的需求进行调整。有研究者正在调查环境因素对健康和疾病状态下的基因-酶的活性的影响。这项研究将揭示诸如吸烟、压力、微生物，以及其他环境危害等危险因素是如何影响人体的。总而言之，在人体研究方面，我们正处在一个波澜壮阔的时代，它将给人类带来更长的寿命和更健康的人生。

有了先进技术作为装备，现在我们可以进入人体内部的微观世界一探究竟了。在本书中，我们将探索一系列有关身体的神奇秘密，比如数以亿计的基本结构和功能单位——细胞是如何组成人体的。

因为细胞是人体中满足生存基本需要的最小单位，所以它被视为"生命的基本单位"。细胞可以消化食物、产生能量、运动、对刺激作出反应、生长、排泄和繁殖。为了满足这些基本需求，细胞中还含有负责特定活动的细胞器或"小器官"。从第一章至第十一章的内容，你会发现我们从父母那里继承的基因，控制着与细胞活动有关的神秘化学物质，进而掌控着人体的健康。当疾病袭来时，它们也无法置身事外。

人体研究涉及多个不同学科：其中就包括生物学、化学、物理学、数学、心理学和社会学等。这些学科可以帮助我们理解身体在运动、疾病、疼痛、痛苦、创伤和手术期间的运行状况。不过从本质上来说，人类仍然属于生物有机体。

本书涵盖了解剖学与生理学这两大交叉的学科，它们将帮助你理解人体的结构与功能，其中一个重要的概念就是

"稳态"。

稳态——"身体健康"

稳态指的是人体内部的一些自发性的活动，使得人体能够保持体内环境的"健康"状态，而不受外部环境变化的影响。

解剖结构、生理功能（或活动）以及维持稳态，使细胞能够满足健康的基本要求。稳态对维持一个健康的身体来说必不可少。如果说稳态是人体内部神通广大的健康卫士，那么在体内维持人体"正常"的健康状态所必需的自发性活动失效的时候，各种疾病就会乘虚而入。

本书将着重介绍一些比较常见的人体疾病。需要注意的是，这些疾病可以根据其主要病因来进行分类，比如胃部或肺部问题，某部位（如胸部）组织出现肿瘤，抑或由感染导致的问题，比如肺炎。

不过，这些疾病会对身体的其他部位也产生影响，而不仅限于那些与主要病症有关的部位。我们"生病"时所接受的医学治疗，针对的只是明显的症状，而可能与真正病因相去甚远，如为直肠肿瘤患者治疗便秘。

千差万别

我们只需留意一下身边的人，就会意识到遗传差异不仅决定着我们的头发、眼睛和皮肤的颜色，还决定了我们在压力应答、易感疾病，甚至药物反应方面的差别。然而，尽管存在这些差异，我们仍然是同一个基础模板的产物，有着相同的身体系统和细胞运行机制。考虑到这一点，本书特意采用系统的方法，来帮助读者深入了解人体运行的机制。

人体由许多不同的系统组成，每个系统都有各自的功

↑ 地球上有 70 多亿人口,基因变异的数量令人瞠目结舌。但即便如此,我们人类依然是按照同样的身体蓝图运行,使医生可以用最为精简的方法治疗大量的疾病。

能。它们通过循环系统和淋巴系统相互连接,通过神经系统和内分泌系统相互沟通。在所有这些系统的作用下,人体得以移动、探索并与环境互动,展开对健康以及生存至关重要的各项活动。一旦某个系统出现异常,那么其他系统就会受到影响。最终,当这些系统无法正常运转后,我们的生命就可能会面临死亡。

目录

细胞、组织和身体结构

细胞

　　所有的生物都是由细胞构成的（包括你），所以我们称细胞为"身体的积木"。

　　细胞是人体中满足生存基本需要的最小单位，所以它被视为"生命的基本单位"。细胞可以消化食物、产生能量、运动、对刺激作出反应、生长、排泄和繁殖。正如人体拥有某些执行特殊功能的器官一样，细胞中也含有执行特定功能的细胞器或"小器官"。

控制物质

　　细胞的主要作用是合成各种酶。这是因为细胞所需的所有成分，比如蛋白质、复合碳水化合物和复合脂类，都是由酶提供的。同时，酶还能分解那些细胞所不需要的产物，这样你就能保持一个健康的身体状态（稳态）。酶还负责细胞生长过程中的分裂，以及细胞受到损害、需要被替代时的修复和再生。

↓ 人体组织

单个细胞形成完整有机体是一个组织的过程人体内的细胞分化并特化，形成具有特定功能的组织。这些组织共同作用形成器官，比如就是一个由不同组织构成的器官。一起工作的器官形成器官系统，比如消化系统，它与其他器官系统一起工作，形成一个完整的有机体，即人体。

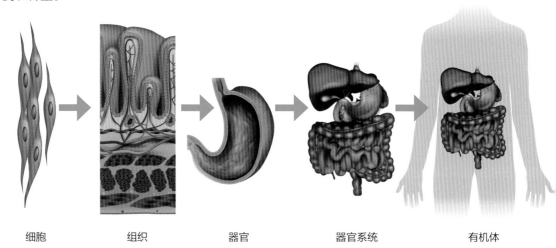

| 细胞 | 组织 | 器官 | 器官系统 | 有机体 |

细胞工厂

　　细胞活动犹如一座运转的工厂——细胞的不同组成部分在这座"厂房"里执行着各种重要的任务。

　　细胞核是工厂的总办公室，它控制着细胞的一举一动。细胞核中的基因（DNA 片段）为制造蛋白质提供指令，这些基因被称为酶。细胞核被核膜包裹，左右着核内外物质进出的通道。

细胞膜

　　就像工厂周围的栅栏一样，细胞膜控制着进出细胞的物质，为细胞提供防护，抵御入侵。它还含有一种特殊的蛋白质，叫作细胞标记物，赋予细胞特性。例如，心脏细胞和肾脏细胞的细胞标记物彼此不同，属于不同个体的细胞的标记物也各不相同，因为它们是由个体的基因决定的。这些标记物对于供体和受体的匹配非常重要，是能否成功进行器官移植的关键。

细胞质

　　细胞质就像工厂的主厂房，它包含除细胞核以外的一切细胞成分。

核浆

　　核浆中储存着细胞核的染色体等成分，相当于工厂的总办公室。

典型的细胞

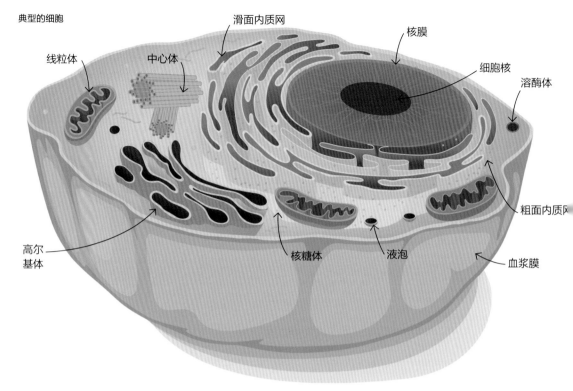

线粒体　　　中心体　　　滑面内质网　　　核膜　　　细胞核　　　溶酶体

高尔
基体　　　核糖体　　　液泡　　　粗面内质网　　　血浆膜

↑　细胞工厂。

线粒体

　　它们就像工厂的发电机，为机器设备提供电能。在细胞中，线粒体通过有氧呼吸过程分解食物（主要是糖），以三磷酸腺苷（ATP）的形式提供能量。三磷酸腺苷能够启动化学反应。线粒体还可以释放热量以维持人体体温，为酶保持活性提供最佳条件。所以线粒体经常被称为细胞的"动力源"。有氧呼吸的其他最终产物——二氧化碳和水——也很重要，因为它们维持着细胞的 pH 值（酸碱度），而合适的 pH 值也有利于酶保持活性。

内质网

　　内质网（ER）是细胞膜的网状结构，分布于整个细胞，并与细胞核相连。它相当于工厂中输送物资的管道。粗面内质网的外表面有核糖体附着。核糖体类似于装配线上的机器，它可以把零件组装在一起，生产出蛋白质产品（酶）。滑面内质网没有核糖体附着，主要参与脂类（脂肪酸化合物）的储存和合成。

高尔基体

高尔基体类似于工厂的包装部门，将产品（碳水化合物、蛋白质和脂类）与酶包装在一起，用于细胞内部或外部。

溶酶体

溶酶体就像工厂里的清洁工，它（与酶一起）可以分解脂类、蛋白质、碳水化合物、进入细胞的异物、细胞受损部分，以及那些年老体弱的细胞。所以，溶酶体有时又被称为细胞的"自杀袋"。

中心体

中心体就像工厂的财务总监，它根据财务状况决定是扩大生产抑或缩小规模。同时，中心体在有丝分裂（细胞增殖时复制染色体）和减数分裂（形成精子和卵子的过程中染色体减半）过程中也扮演着重要的角色。

中心体发出的微管（类似小肌肉），可以在有丝分裂过程中把复制的染色体分开，以确保子代细胞的染色体数目与亲代细胞相同；在减数分裂中，中心体会在生殖细胞产生之前，将染色体一分为二，确保子代细胞拥有亲代细胞一半的染色体。

液泡

细胞中的液泡就像工厂中的仓库一样，储存水、盐、蛋

↑ 细胞膜负责安保，控制进出细胞的物质。

白质、脂类和碳水化合物。

这家工厂每周 7 天、每天 24 小时营业（即便你在睡觉），始终在运行！

基因："生命密码"

基因是细胞所有化学反应（统称"代谢"）的控制者，并间接影响酶的合成。酶是生物催化剂，在人体中具有举足轻重的作用。酶能加快细胞的化学反应，而这对保持一个"健康快乐的身体"至关重要。

所有细胞产物的产生都少不了基因的参与，这些产物不仅决定着人的外貌特征，比如头发、眼睛以及皮肤颜色，还能控制身体的活动，比如消化酶、眼泪、凝血蛋白、抗体、激素，甚至新细胞。基因通常被称为"生命密码"，而酶被称为"生命的关键化学物质"。没有它们，人体的生长和维持都无从谈起。

↓ 在"锁钥机制"的作用下，酶只接受有正确形状的分子（底物），就像一把钥匙只适用于一把锁一样。人体内部的许多化学反应都遵循锁钥机制，例如免疫反应期间抗体（血液蛋白）与抗原（异物）的结合。缺乏某种特定的酶会使某种反应无法发生，而一旦过量又会导致反应进行得太快。因此，控制酶的合成水平对于维持稳态或人体化学物质的平衡至关重要。
细胞产生的酶通常是供细胞自身使用的——就像送给自己一份礼物。除了那些细胞活动中普遍产生的酶之外，还有一些只与特定类型细胞相关的酶。如果细胞受损就可能会在血液中检测出来，而这些酶也可以用作诊断疾病。例如，血液中出现乳酸脱氢酶（LDH），可以视作心脏或肝脏细胞受损的征兆，医生可以据此诊断心绞痛、心肌梗死（心脏病发作）和肝脏的疾病。

"锁钥机制"图解

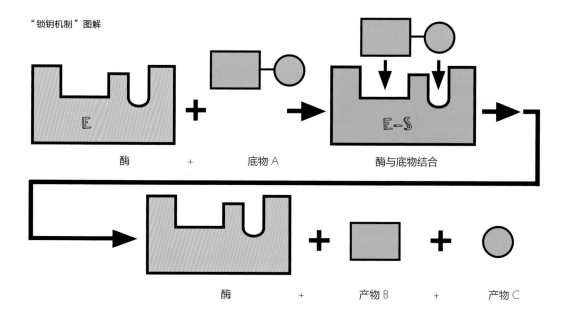

| 酶 | + | 底物 A | | 酶与底物结合 |

| 酶 | + | 产物 B | + | 产物 C |

细胞类型

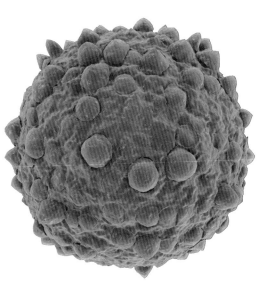

↑　白细胞可以保护身体免受传染病和外来物质的侵害。

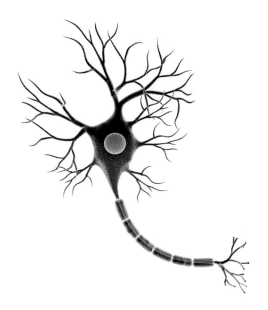

↑　神经细胞能够传递电化学脉冲，它们是组成人体神经系统的基本单元。

身体中有许多不同类型的细胞，每种细胞都有自己独特的结构，专门负责某些特定的功能。

不同类型的细胞在体内承担着不同的功能。例如，你体内的白细胞拥有丰富的核糖体，因为它们需要产生大量的保护性蛋白质，即抗体；骨骼肌细胞有着丰富的线粒体，因为它们比其他细胞需要更多的能量来收缩肌肉，以保持固定姿势和维持运动状态。

消化细胞和内分泌（腺）细胞含有大量的核糖体，它们可以产生消化酶和激素。此外，上述细胞还含有大量的高尔基体，可以用来包裹这些消化酶和激素，然后将它们释放或分泌到体内（消化和内分泌细胞是"分泌"细胞，可以向身体释放化学物质）。

监控运动

为了持续发挥自身的作用，细胞需要监测细胞内外的化学环境。位于细胞膜内外的受体可以发现各种变化，然后这些受体可以通过基因来启动（开始）或抑制（停止）某些行为。

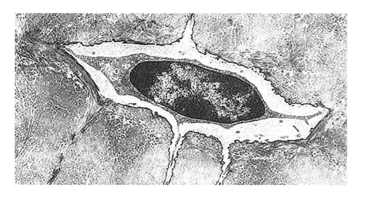

← 骨细胞（左）存在于发育成熟的骨组织中。它们的寿命很长，并且当某部分骨骼因肌肉活动而变形时，它们可以向其他骨细胞传递信号。细胞过早死亡或骨细胞功能障碍会导致骨质疏松等疾病。

人体和细胞的秘密

· 人体由数万亿微小细胞组成，它们的平均直径为 0.02 毫米。
· 人体内最大的细胞是卵子，直径约 0.5 毫米，肉眼可见。
· 最长的细胞是通往脚趾的神经细胞，长度可达 1.2 米，它们却薄到要用显微镜才看得到！
· 人体内每秒有 500 万个细胞死亡，但大多数都会再生。
· 白细胞负责对抗感染，可能只能存活几个小时。
· 肠壁细胞可以存活大约 3 天。
· 红细胞平均可以存活 120 天。
· 骨细胞的寿命约为 20 年。
· 脑细胞无法再生，这意味着它们将伴随你一生，它们一旦死亡，就永远消失了。

↑ 红细胞吸收和运输氧气，并将其输送到人体的各个组织。

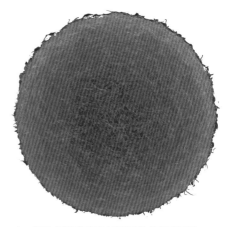

↑ 卵子（卵细胞）是由卵巢产生的生殖细胞。

第一章 细胞、组织和身体结构

细胞分裂

　　细胞分裂是一个重要的"生命基本需求"，它使我们的身体能够生长和修复，并确保能够将遗传物质传递给下一代。

　　细胞分裂能确保人体的遗传物质从一个细胞传给另一个细胞，从一代人传给另一代人。细胞分裂使得细胞得以生长、特化，并在人体发育的各个阶段不断生长增殖，例如从婴儿到幼儿，从幼儿到少年。此外，它还确保了那些死亡、患病、衰老和受损的细胞能够得到替换更新，以保持人体结构和功能的完整性。

　　细胞分裂有两种类型——体细胞的"有丝分裂"和生殖细胞的"减数分裂"。在任何一种情况下，分裂的亲代细胞都会产生子代细胞。

保持染色体不变

　　有丝分裂也称复制分裂，子代细胞拥有与亲代细胞相同数量的染色体，这意味着基因和 DNA 的数量也是相同的，因为染色体是由基因组成的，而基因又是由 DNA 组成的。要做到这一点，必须首先复制亲代细胞的 23 对染色体，然后再拷贝给每个子代细胞。

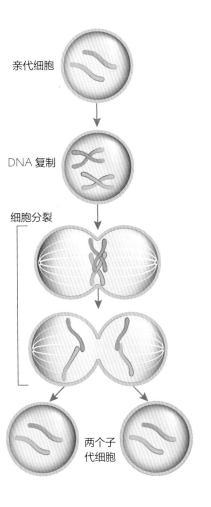

亲代细胞

DNA 复制

细胞分裂

两个子代细胞

←　在有丝分裂过程中，亲代细胞的 DNA 经过复制形成交叉状（X 状）的染色体。之后，细胞分裂，两个子代细胞最终相互分离。每个子代细胞都是亲代细胞的完美拷贝，拥有完全相同的遗传信息。

制造生殖细胞

生殖细胞分裂叫作"减数分裂"，它们在产生雄性和雌性生殖细胞时遗传物质会减少。

减数分裂发生于雄性和雌性性器官（性腺）产生相应的生殖细胞（精子和卵子）之时，它使子代细胞拥有正常细胞一半数目的染色体（即 23 条染色体，亲代细胞的 46 条染色体的一半）。

这种减数分裂是十分必要的——当两个生殖细胞在受精过程融合时，就可以恢复正常的染色体数目。然后，新的细胞（受精卵）再通过有丝分裂，最终产生数万亿个细胞，组成人体的各种组织和器官系统。父母的基因信息在受精过程中结合在一起，所以我们会拥有与父母相似的长相以及举止。

细胞特化

人类胚胎在发育过程中，各个细胞会逐渐分化为各种特定的细胞，在人体内发挥不同的功能。例如，人体骨骼的运动是由专门的骨骼肌细胞提供的。同样，电化学脉冲是由特殊的神经细胞产生的，白细胞负责对抗感染，红细胞负责输送氧气。

将原始、未特化的细胞转化为特化细胞的过程被称为细胞分化和特化。上述过程是由细胞内某些基因的"启动"或"关闭"决定的。研究显示，人体内有 200 多种不同类型的细胞。然而，化学信号控制各种细胞的原因和方式，以及如何编程去实现人体特定部位的功能等事实仍不明确。

在减数分裂时期，所有生殖细胞（无论精子或卵子）都含有一半的遗传信息。

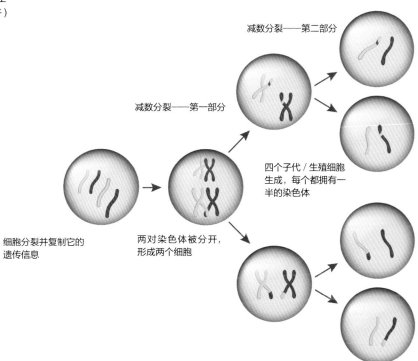

减数分裂——第二部分

减数分裂——第一部分

四个子代／生殖细胞生成，每个都拥有一半的染色体

细胞分裂并复制它的遗传信息

两对染色体被分开，形成两个细胞

某些基因的启动或关闭决定了细胞成熟时的形态和功能。

关

开

制造生殖细胞

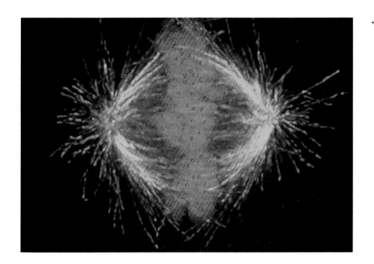

这张图片展示的是人类染色体（蓝色）在有丝分裂过程中复制和分裂的瞬间。

染色体异常

细胞一般每25小时分裂一次，但一些特殊的细胞（比如大多数神经细胞）则可能不会再分裂。DNA复制本应保存细胞的遗传组合，但是在有丝分裂期间复制可能出错，这会导致子代细胞的染色体异常。

根据异常程度的不同，细胞分裂过程中的错误可能不会影响成人身体的功能，因为成千上万的细胞中可能只有一个受到了影响。然而，随着年龄增长，错误不断累积，可能导致人体某些功能衰退，甚至引发疾病，例如癌症。

当细胞在胚胎中特化并增殖时，细胞分裂的错误会对组织的发育和功能造成明显的影响。当受精卵中出现一个额外染色体时（即所谓的三染色体），会对人类的发育造成明显影响。受精卵发育出的细胞将携带一个额外的染色体（和额外的基因），导致身体出现某些迹象和症状。由三染色体引发的遗传疾病中，最广为人知的就是"21三体综合征"，也被称为唐氏综合征。

第一章 细胞、组织和身体结构

组织

人体组织具有多种功能，它们不仅可以保护脆弱的器官、覆盖身体表面，还能够通过扩张收缩产生肢体运动。

当细胞通过有丝分裂移动到机体其他位置时，它们周围的化学物质会发生变化。这些不同的化学物质可能决定着特定基因的开关，促使细胞分化和特化，并将这些具有类似性质的特化细胞连在一起形成组织。

这 200 多种不同的细胞可被分为四大类，构成四种组织。其中每种细胞类型又可进一步被划分出亚型，负责特定的功能。

↓　鳞状上皮由一层细胞组成，通常位于小分子发生交换部位，例如肺泡和毛细血管。

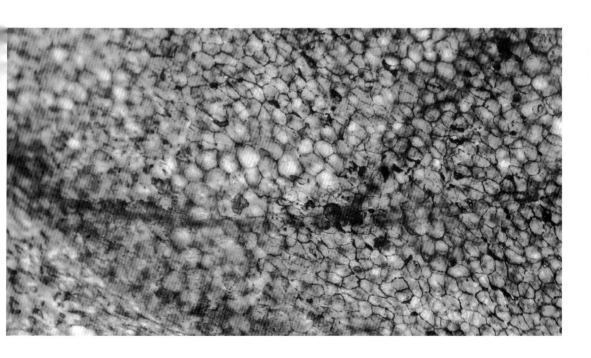

上皮组织

这些组织存在于身体的许多部位。它们排列在体表（例如皮肤）以及体内空腔的表面（例如胃），承担着保护的功能。上皮组织可能是单层的（一个细胞的厚度）或复合的（超过一个细胞的厚度）。一些被称为腺上皮的上皮组织会产生分泌物，例如眼泪可以润滑眼睛，汗水能够调节体温。这种组织可以阻止腔体变干，还能阻挡可能造成威胁的物质，比如病原体（导致疾病的微物），甚至阳光！

上皮组织中的细胞通过基底膜相连。人的膀胱内层由复合上皮组织构成，它的皱褶表面允许膀胱扩张和收缩，因此可以充满和排空尿液。

肌肉组织

肌肉是一种特殊的组织，通过收缩来产生运动。人体中有三种不同类型的肌肉组织：

- 随意肌（也称为骨骼肌或横纹肌）
- 非随意肌（也称为平滑肌）
- 心肌

肌肉细胞通常被称为肌肉纤维，因为它们呈长圆柱形。这些细长的细胞束或纤维束，长度从几毫米（1/3英寸）到10厘米（4英寸）左右不等。肌肉能够收缩是因为它们拥有两种类型的蛋白质纤维：肌动蛋白和肌球蛋白——通过两者互相滑动来缩短肌肉。骨骼肌构成了四肢和躯干的肌肉，负责移动骨骼。当受到神经纤维的刺激时，它们可以快速、有力地收缩，但很快就会疲劳，能量消耗速度比非骨骼肌更快。因此骨骼肌有许多线粒体，并且需要良好的血液供应以带来氧气和营养物质，迅速补给能量。

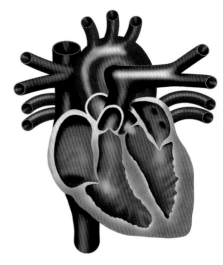

↑ 心脏由粗大的肌纤维组成，在人的一生中不停歇地收缩和舒张。

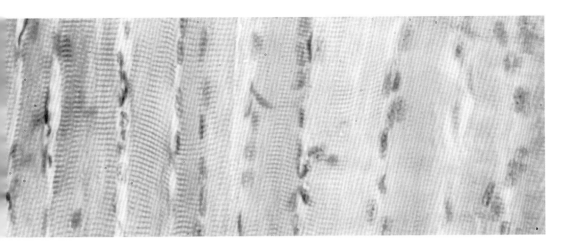

骨骼肌的横纹或条状外观（也是这类肌肉拥有另一个名字的原因），是由肌肉纤维的走向形成的。

神经组织

　　神经组织由神经细胞（也称为神经元）组成，它们负责产生并传导电化学脉冲。神经元主要有四种类型：脑细胞；感觉神经元，将冲动从感觉感受器传递到脊髓和／或大脑；运动神经元，负责从大脑和／或脊髓向身体组织传递指令；中间神经元，负责将中枢神经系统（大脑和脊髓）中的感觉神经元和运动神经元联结起来。

结缔组织

　　结缔组织是人体最常见的组织类型。它具有许多功能，从为你的身体提供一个结构框架，支撑和绑定器官内的不同组织，包裹脆弱的器官并为它们提供缓冲，到把分泌物和液体从一个区域运送到另一个区域，等等。它们还能抵御引发疾病的病原体。并且，它们还能储存能量。

　　结缔组织有多种类型，包括白色纤维组织、脂肪组织、疏松蜂窝组织和黄色弹性结缔组织。

　　它同样是由不同类型的细胞组成的，例如骨细胞、软骨

↑　感觉神经从身体周围的感受器向脊髓和／或大脑传递信号，而运动神经则从大脑和脊髓向身体的不同部位传递指令。

细胞和血细胞。

虽然结缔组织的类型多种多样，但它们都是由三种相同的成分组成的：

- 一种呈液状、果冻状或固状的基质物质。
- 产生基质的细胞。
- 由胶原蛋白、弹性蛋白或网状蛋白组成的蛋白质纤维。

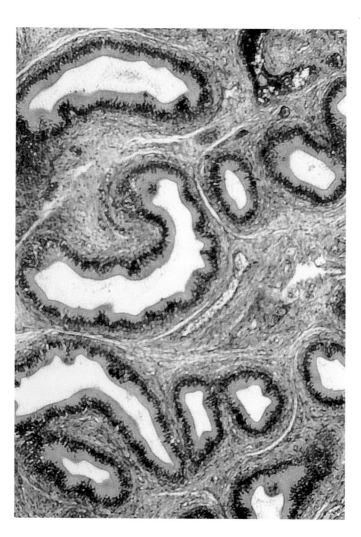

← 在气管的横切面上，蓝色高亮区域是一层疏松蜂窝结缔组织，它将所有的分层联结在一起，包括一个含有血管的分层（图中红色区域）。

器官和系统

　　器官由一组不同组织所构成。共同工作的器官又组成了器官系统。

　　每个器官都担负着一项对人体的生存至关重要的特定活动，比如心脏、胃、肝脏、大脑和皮肤等。大多数器官都是由四种不同类型的组织共同组成的（结缔组织、神经组织、肌肉组织和上皮组织）。

　　例如，胃黏膜可以分泌胃液，吸收酒精和葡萄糖等化学物质。然而，胃壁也含有肌肉组织，使胃能够收缩蠕动，帮助分解食物；胃壁同时含有神经组织，调节胃和结缔组织，将其他组织联结在一起。

　　每个器官都是一个更大系统的一部分，这个系统可能包含多个器官。例如，心脏是心血管系统的一部分。器官系统由一组器官构成，它们共同起作用，执行特定的身体功能。呼吸系统负责维持血液中的氧气和二氧化碳水平，这些系统以协同的方式一起工作，维持身体的功能。

　　每个层次的组织（细胞、组织和器官系统）对于维持人体的基本需求有着极其重要的作用。

体液

体内的细胞沉浸在来自血浆的间质（组织）液中。间质（组织）液为细胞提供氧气和营养，带走细胞产物，例如激素、消化酶和眼泪，并且带走细胞代谢产物，例如二氧化碳。
- 体内用以浸润细胞的组织液共约 11 升。
- 细胞外的液体（细胞外液）由组织液和 3 升血浆组成。
- 细胞内的液体（细胞内液）总计 28 升。

← 消化系统由分解、吸收和清除
食物的几个器官组成。

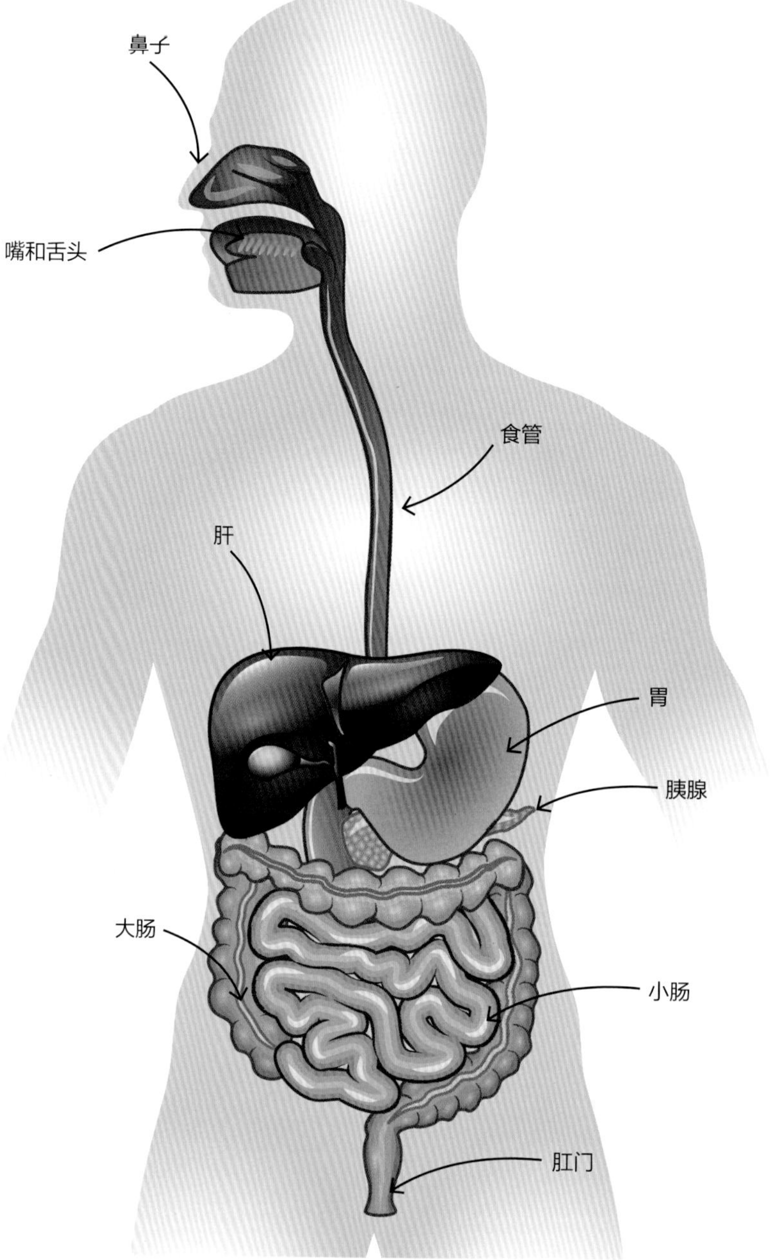

鼻子

嘴和舌头

食管

肝

胃

胰腺

大肠

小肠

肛门

细胞学

细胞学包括与细胞研究有关的生物学和医学各分支。它的发现有助于专业医学人员更好地了解疾病，采用更有效的治疗方法。

了解人体细胞的结构、功能和需求，也能帮助我们了解组织和器官异常是如何导致健康问题的。例如，阻塞性呼吸疾病会导致血液中氧气供应不足，二氧化碳水平升高，进而可能导致患者的细胞死亡（坏死）。

在感受器监测到问题并将信息发送到大脑的呼吸控制中

医生可以借助细胞学诊断病人的病情。图中的宫颈组织样本显示了癌细胞的生长情况。

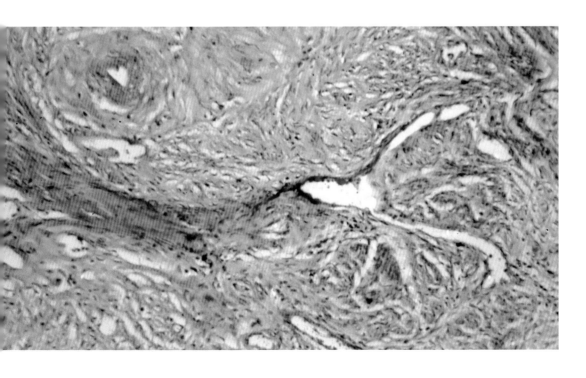

枢后，人体会试图纠正这些失衡。细胞学聚焦的是对细胞的研究，而医学聚焦的是身体出问题时应怎么办。细胞学的发现有助于专业医学人员更好地了解疾病，采用更有效的治疗方法。

对血液中的失衡情况进行分析后，大脑将信息发送给呼吸肌，呼吸肌随即试图通过增加呼吸频率和深度来扭转这一问题。如果还是不能建立稳态，那么就需要采取必要的医疗干预，因为人体已无法自己解决问题。

诊断

然而，诊断和治疗往往更为复杂。由于人体的不同部位相互依赖，如果某种细胞水平上的异常导致一组细胞功能衰竭，那么往往会引起其他细胞群和身体部位的恶化。其所导致的症状和迹象，往往与健康状况不佳所导致的症状相似，需要医疗干预。例如，长期患有（慢性）阻塞性呼吸系统疾病的患者还可以表现出心脏及肾功能的低下。这就是你永远不应该为自己诊断的原因，因为有时甚至连医生都觉得很棘手，他们可是花了多年时间致力于研究医学和人体的。

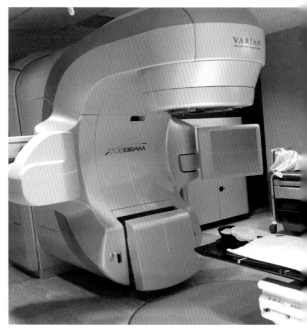

↑　图中是一台直线加速器，用于各种癌症的高精度放射治疗。

第一章　细胞、组织和身体结构

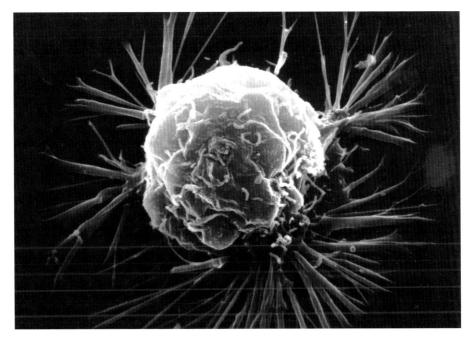

↑　癌细胞。例如这种恶性乳腺细胞，会扩散到其
他组织和器官。

良性细胞和恶性细胞

肿瘤是细胞生长失控与异常增殖导致的结果。肿瘤有良性或恶性之分。良性肿瘤不会扩散到身体的其
他部位，通常被认为是安全的。恶性肿瘤会扩散到其他区域，并且侵犯其他组织和器官。这种扩散（转
移）很危险且很难控制。

手术或使用放射（深度 X 射线）可以通过杀伤癌细胞来治疗恶性肿瘤。

此外，加热治疗和冷冻治疗对于未转移的肿瘤也具有一定效果。放疗的作用机理是通过破坏染色体和
细胞质中的化学物质来阻止细胞分裂。化疗是使用化学药物杀伤癌组织的方法，它通过切断染色体拷
贝分离来抑制癌细胞增殖。

第二章

皮肤、骨骼和肌肉

皮肤

你的外貌是由皮肤以及与之相关的组织结构所决定的，例如头发、指甲和睫毛。你的体形很大程度上也是由骨骼和肌肉这两大系统所决定。

↓ 皮肤的表层（即表皮）是由扁平的、死去的皮肤细胞构成的。在它们之下是活的表皮层，新的皮肤细胞在这里产生，然后上升到表面。表皮之下是真皮层，大部分感受器以及毛囊和汗腺都位于这一层。注意那些真皮突起，也叫乳头状突起，从真皮向上伸入表皮。由于皮肤上层不能自己供应血液，需要依靠这些突起中的微小血管，将营养物质运送到表皮。

覆盖一切

皮肤是人体最大的器官。它覆盖在身体的表面，一直延伸到口腔和肛管。作为身体和外界的主分界线，皮肤毫无意

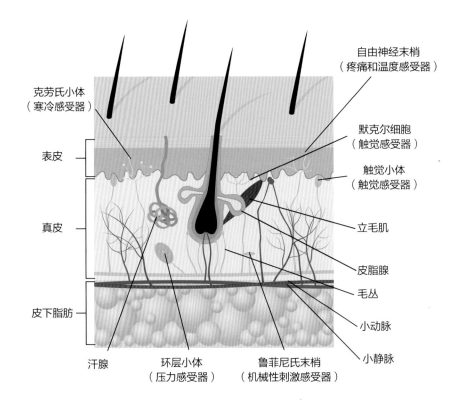

自由神经末梢（疼痛和温度感受器）

克劳氏小体（寒冷感受器）

默克尔细胞（触觉感受器）

触觉小体（触觉感受器）

表皮

真皮

立毛肌

皮脂腺

毛丛

皮下脂肪

小动脉

小静脉

汗腺

环层小体（压力感受器）

鲁菲尼氏末梢（机械性刺激感受器）

外地成为抵御有害微生物或病原体的第一道防线。此外，皮肤还有助于调节身体温度和含水比例，并为身体提供与周围环境相关的感觉信息，例如感受触摸和探知冷热。作为身体上最明显易见的部分，皮肤会随着年龄的增长产生皱纹，清楚地显示出衰老对身体的影响。

皮肤由外层的表皮和内层的真皮组成。再往下则是皮下（脂肪）层，有时又被称为浅筋膜，因为它也包含部分覆盖在肌肉上的结缔组织。皮肤的分层结构为人体提供了防止创伤的物理屏障，防止创伤；同时皮肤分泌物也能提供一定程度的抑制细菌的化学保护，防止细菌；由于它具有不透水（防水）的特性，因此能够起到物理屏障的作用，可以使身体免受细菌毒素等致病化学物质的侵害，防止肌体生病。

表皮

表皮是身体与外部世界的第一层物理屏障，它需要足够坚韧才能提供足够的保护力。表皮有多层构成，最下面一层——基底层——是一层连（附着）在基底膜上的细胞，基底膜再往下则是真皮层。基底膜层的细胞不断分裂，分裂出的子细胞形成表皮的所有外层组织。这就是基底层常被称为"生发"层的原因。较下方的那些层中点缀着黑色素细胞，这些特殊的细胞可以产生蛋白质色素，赋予皮肤颜色。

当细胞向皮肤外层上升时，每个细胞都会逐渐失去细胞核，然后被一种叫作"角蛋白"的蛋白质充满。这种蛋白质令表皮坚韧又防水，结果细胞变得扁平、坚硬，然后死亡，形成角质层。这一最外层赋予了表皮所需的韧性，使其能够抵御外部的物理性危害，如细菌和有害的化学物质。

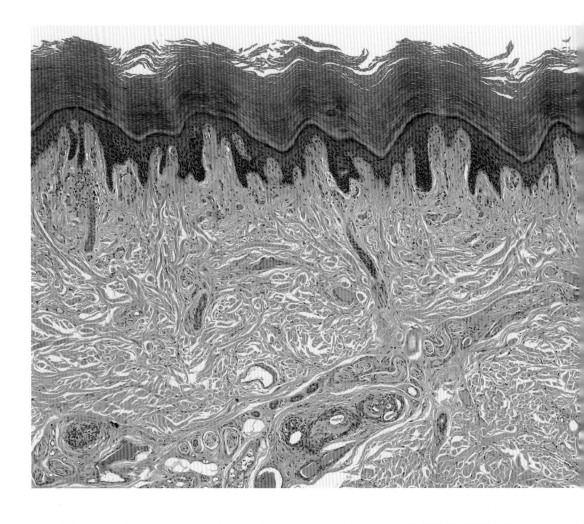

成年人的表皮厚度为 0.5—3 毫米，取决于角质层的厚度以及施加在皮肤上的物理应力，例如眼睑的表皮很薄，脚底的表皮却很厚。日常生活中的摩擦，令皮肤外层不断损失细胞，从表皮上脱落，这是一种很常见的现象。磨损（损失）量是巨大的。事实上，床上用品中的大部分"室内灰尘"都是由这些脱落的细胞组成的！

表皮每 35—45 天就需要更换一次。这种细胞更新的需

↑ 这张皮肤状的显微照片清楚地显示了真皮、表皮以及乳头突起。

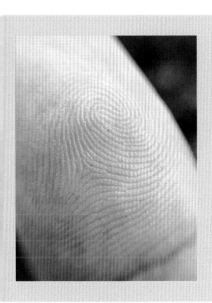

指纹

你的指尖有指纹，这是摩擦脊在人类手指上形成的痕迹。这些脊状突起有助于增加你对光滑表面的抓握力。皮肤分泌物和人体指纹中已经死亡的细胞中，含有人体各种化学物质的残留物。

你的指纹独一无二，因为它们是由基因决定的。即使同卵双胞胎的指纹也各不相同。所以可想而知，它们对于找出那个在犯罪现场留下"指纹"的人非常有用。法医学研究人员已经研究出从指纹的残留物中，识别滥用大麻、可卡因和其他药物的人员的方法。

人类指纹看起来呈斗状、弓状和箕状，每个人的指纹都是独一无二的。

求是由真皮内的血管网来满足的，因为表皮"无血管"，这就意味着它没有自己的血液供应。

真皮

真皮通常比表皮厚，主要由结缔组织和弹性蛋白纤维组成。结缔组织中含有胶原蛋白，可以增强皮肤的弹性。纤维之间的空间，分布着血液和淋巴血管、神经、感受器（对触摸、压力、温度和疼痛作出回应）、毛囊（尽管它们来源于表皮）、立毛肌（收缩时导致头发直立），以及导管的皮下腺体（腺体本身位于皮下层）。真皮上部有一些小凸起，叫作真皮乳头。

它们表现在表皮上，就形成了独特的"指纹"。这些乳头状突起含有触觉感受器（触觉小体）以及毛细血管网。这些毛细血管网是垂直排列的。当表皮被擦伤时，它们就会显露出来，看起来像是小血点。

衰老与表皮

表皮的厚度是由基底层细胞的分裂速度决定的，必须与角质层细胞的损失率保持平衡。衰老的特征之一就是有丝分裂的速度减慢，导致表皮变薄。

毛发

　　毛发几乎遍布在身体的每个部位。你可能会定期修剪毛发或者设计发型，你身体上的毛发还发挥着多种多样的功能。

　　毛发由防水的蛋白质——角蛋白和死亡的细胞组成，由表皮的生发细胞或基底细胞产生。这些细胞比其他表皮细胞更活跃，所以需要更好的血液供应。这也是为什么毛囊和指甲甲床会向皮肤深处延伸，因为那里的血流量更大。

韧性和防水性

　　头发的功能之一就是保护深层的组织结构，例如，头发具有一定的遮阳能力，还能在寒冷天气时减少热量流失。

　　一些身体部位（例如嘴唇）没有毛发，还有些部位毛发很少，一般认为这是为了降低绝缘帮助散热。毛发也可以短硬，例如耳朵和鼻子等部位的毛发，而这有助于过滤空气，确保有害微生物不会进入人体。虽然有些部位毛发很少，但依然会分布有触觉感受器，赋予毛发感知的功能。从结构上看，毛发有三个部分——根部、毛囊和毛干。

↓ 毛发的数量和密度取决于身体的位置。一般在头皮处最为茂盛，而在手掌和脚掌上则无法生长。

第二章　皮肤、骨骼和肌肉

在毛发的活跃生长期，每根毛发的根部都有一种叫作"毛囊"的生长活跃的组织。毛囊含有一层基底细胞（生发），并且会通过新细胞形成和老细胞凋亡，从而推高并形成毛发的根部和毛干。

通常每天大约会有 70—100 根头发从头皮上脱落，并为新的头发所取代（所以并不只有你那毛茸茸的宠物会脱毛）。然而，如果你拥有谢顶基因，那么新头发就无法完全替代脱落的头发。

腺体和肌肉

毛囊旁边是皮脂腺和小立毛肌。皮脂腺遍布身体各处——除了眼皮（没人确切知道它们仅在此处缺席的原因）。它们分泌皮脂——一种含有脂肪的油性物质，有助于保持头发和皮肤的柔韧性（柔软），使表皮具有防水功能。皮脂和汗水一样，也有保护身体的作用——汗水和皮脂的混合物负责维持皮肤表面的 pH 值，阻止可能导致感染和疾病的碱性微生物的形成。立毛肌收缩时，会使毛发直直地竖立起来，这一过程被称为"毛发直立"。

对于动物来说，毛发直立是一个重要的温度控制机制，可以将空气聚集在靠近身体的地方以增强保温效果。

在人类身上，毛发直立会导致皮肤表面出现"鸡皮疙瘩"的现象，但对人类来说，这算不上是一个重要的温度控制机制。恐惧的时候也会出现毛发直立的现象———些动物，比如猴子、狗和猫，后颈处的毛发会直立起来。这种威胁或戒备的行为，被称作"战斗或逃跑反应"，它帮助我们决定感受到某种危险情况时该做什么。人们常说，感觉头发竖了起来就怀疑房间里有"鬼"，也许这就是原因所在！

↑ 当立毛肌牵引头发底部使其升高时，会在皮肤表面产生一个个小凸起，导致"鸡皮疙瘩"出现。

↓ 为了应对可能的威胁，这只猫把毛竖起来，试图让自己看起来更高大威猛。

汗腺

汗腺是长而弯曲的空心管。汗液（或称汗水）在真皮深处的弯管内产生，随后通过汗腺管输送到皮肤表面。

汗腺类型

汗腺有两种主要类型：

1.顶泌汗腺存在于腋窝、头皮和腹股沟等有毛发的皮肤上。它们在青春期变得活跃，向毛囊（而不是皮肤表面）分泌含有蛋白质、脂肪和糖的汗液，这种汗液会被皮肤细菌分解，产生难闻的体味。

顶泌汗腺分泌的汗液中还含有信息素——一种与性吸引力有关的化学物质。止汗药可以阻止这类化学物质的释放，这似乎会削弱性吸引力，但能阻止细菌生长，减少体味。

→ 汗液蒸发时带走身体的
热量，使身体降温。

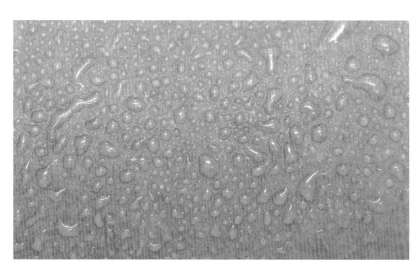

2.外分泌汗腺，几乎遍布于全身，尤其是在手掌和脚掌上密度最大，唇边、阴茎、小阴唇和外耳上却没有分布。汗液的主要作用是调节体温，通过汗液从体表的蒸发，实现降温的作用。汗液中含有水、盐和其他代谢产物。水是汗液的主要成分，因此根据环境温度改变水的摄入量极为重要。在凉爽的温度条件下，汗液约占身体排出水分的 10%。但在非常热的天气中，汗液分泌会直线上升到 4 升左右，严重超过人体其他的排水方式。所以，在炎热的天气里补充水分非常重要，可以弥补因排汗而流失的水分。

耵聍腺是一种特殊的汗腺，分布于耳道的皮肤中。其分泌物与真皮皮脂腺的皮脂混合，形成一种黏性的蜡状物质，称为耵聍，也称耳垢，可以防止颗粒状的异物进入耳内，以保护耳膜（鼓膜）。

耵聍分泌过多时，可能会滋生病菌，导致耳朵、鼻子和喉咙感染。耳垢过多也会影响听力，这就是需要定期清洁耳朵的原因。

↑ **去除多余的耳垢**

耳垢过多的人可能表现出听力"减弱"的症状进而可能导致耳垢后面的鼓膜发炎，以致出疼痛。去除耳垢可先用滴管滴液对耳垢软化然后用喷射器冲出。

指甲

指甲能保护你的指尖和脚趾，这意味着它们能使你免受伤害，还能增强你对小物件的抓取力。指甲是由角蛋白组成的，和你的头发一样！每根指甲都由三部分组成：甲根、甲板和顶端的游离缘。甲半月是指甲根部可见的新月形部分，能产生新的指甲。

拇指指甲上的甲半月非常明显，而小指上的则几乎不可见。随着指甲生长，通常会有一层薄薄的角质被从周围的皮肤上拉起，附着在甲半月上。指甲的生长是从甲根处开始，向着手指的尖端继续生长，直到你剪掉它们（如果你想看证据，只要查一下吉尼斯世界纪录）。

第二章 皮肤、骨骼和肌肉

皮下层和腺体

　　这一层由结缔组织和分布在真皮和底层组织之间的脂肪组织构成。皮下层中的胶原纤维相对较少，意味着皮肤可以通过下层组织灵活运动，减少因摩擦造成剪切损伤的风险。

　　脂肪组织用处多多——皮下组织拉伸性好，可以储存大量的脂肪，可以为身体提供绝缘层，减少热量的流失。而且从临床治疗的角度看，疏松的结缔组织为注射提供了一个理想的位置，更容易吸收将要注射进的液体量，因此痛感也更轻。

骨骼

　　成年人身上的骨骼总共有 206 块。它们可以维持你的身体姿态，使你可以从一处移动到另一处。

　　单单观察人类的骨骼，可能会得出一个平淡无奇的结论：它是一堆形状奇特、干燥、无生机的骨骼。尽管在大小和形状上有很大的差异，但骨骼其实是由动态的、有生命的结缔组织构成的。在人的一生中，结缔组织被不断地塑造和重塑。骨骼支撑你的身体，在骨骼肌的帮助下，你的身体才能运动。一部分骨骼负责保护你的重要器官免受撞击和伤害，例如，头骨的骨"盒"保护着大脑，肋骨的笼状结构保护着心脏和肺。

　　骨髓存在于人体的许多骨骼中，是产生血细胞的主要器官。此外，骨组织还为人体储存、供应着钙和磷酸盐等关键物质。骨骼中的其他组织，包括软骨、神经、血液和淋巴管，对于人体的运动和正常运行都发挥着极为重要的作用。

成人与儿童

　　一副成年人的骨架有 206 块骨骼（刚出生的婴儿有 300 多块，其中一些骨骼随着他们的生长发育融合在一起），可以分为中轴骨骼和

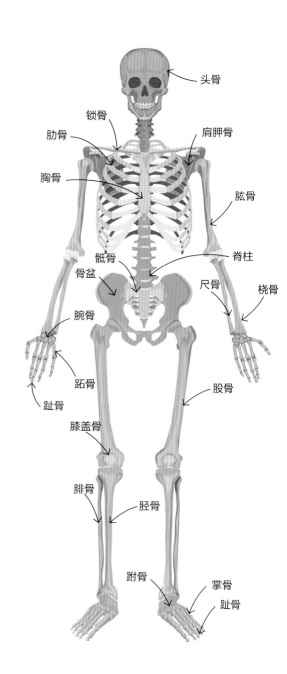

头骨
锁骨
肋骨
肩胛骨
胸骨
肱骨
骶骨
脊柱
骨盆
尺骨
桡骨
腕骨
跖骨
股骨
趾骨
膝盖骨
腓骨
胫骨
跗骨
掌骨
趾骨

第二章　皮肤、骨骼和肌肉

附肢骨骼。中轴骨组成身体的垂直轴，包括头骨、脊柱（脊椎）、肋骨和胸骨。而附肢骨骼之所以如此命名，是因为这些骨骼是"附加"（连）到中央的中轴骨上的，由手臂和腿部的肢骨以及肢带骨（包括骨盆和肩胛骨）组成。

形状和结构

骨骼有许多规则的外部特征，这些特征取决于肌肉和韧带需要连到哪里，如何与其他骨骼构成关节，有时还取决于分布在骨骼的血管、淋巴管和神经通道。骨是构成人体骨骼的一种刚性连接组织。骨组织分为两种类型：紧密排列状的（密质骨）和疏松海绵状的（松质骨），这些名字（或多或少）来自它们的外观。在这个组织内部，骨细胞为一种叫作"骨胶原"的胶原纤维以及一种叫作"蛋白骨纤维"的坚韧基质所包围，为钙和磷酸盐所强化。这种基质造就了骨骼所特有的强度和刚度。

长骨

每根长骨由一根骨轴和两个末端组成。骨干外层的密质骨包裹着松质骨，而中间则是骨髓腔。骨骼末端主要由松质骨组成，外层覆盖着薄薄的一层密质骨。

长骨末端附近是骺板，受（脑垂体分泌的）生长激素的影响，会在人体成长期生长变长。

生长激素过多会导致"垂体性巨人症"，而生长激素过少则会导致"垂体性侏儒症"。骨组织在人出生后的前20年生长得非常快。在这之后，骨骺板会融合或骨化，不再对生长激素作出反应，骨骼生长变长的过程也会随之停止——也就是我们不再长高的时候！然而，在骺板之外的位置，你的骨骼会一生不断地自我修复和再生。

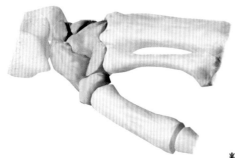

短骨

包括手腕和脚踝，不像长骨那么强壮，但当它们组合在一起时，会产生很大的灵活性。

籽骨

膝盖骨（髌骨）是这类骨骼的主要代表，有肌腱附着其上，使膝关节更加稳定。

扁骨

薄的、板状的骨骼，例如头骨，为其下的人体组织提供保护，或者为其上附着的大肌肉提供一个宽阔的区域，例如肩胛骨。

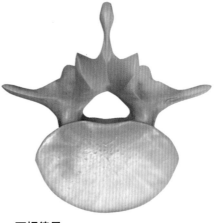

不规律骨

它们有着与活动相关的复杂形状。例如，脊椎（脊柱）有多个部位，能够为背部肌肉和韧带提供大面积的附着处。它们一起协作，可以实现很大的灵活性。

长骨

包括肢骨，为身体运动提供广阔的空间，同时承担着体重的压力。

↑ **骨骼的形状**

骨骼的形状和大小取决于它们的活动。

第二章　皮肤、骨骼和肌肉

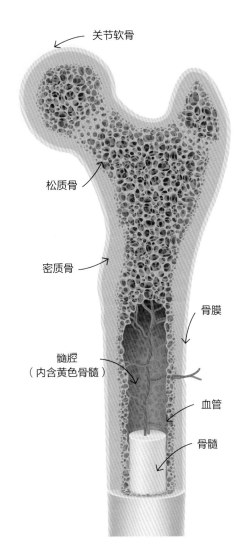

关节软骨

松质骨

密质骨

骨膜

髓腔
（内含黄色骨髓）

血管

骨髓

骨的秘密

· 人类的脚上有26块骨骼，手（包括手腕）
  上有27块骨骼。
· 股骨（大腿骨）是最结实和最长的骨骼，
  中耳的镫骨是最轻和最小的骨骼。
· 在成年阶段，你的肱骨是最常见的骨折
  部位；而童年时，最容易骨折的部位往
  往是锁骨。
· 密质骨是人体中硬度仅次于牙釉质的
  物质。
· 人体骨骼重量的80%来自密质骨，另外
  20%来自松质骨，尽管松质骨的表面积
  是密质骨的10倍。
· 骨骼的强度是同等重量钢筋的5倍。
· 骨髓存在于长骨的松质骨中。
· 红骨髓可以产生红细胞，黄骨髓则可以
  储存脂肪。

↑ 这张图片显示了一根长骨的横截面。在本例中
  是一根股骨，整个骨头被一层称为骨膜的物质
  覆盖。下面是坚实的密质骨。海绵状骨是密质
  骨下的蜂窝状结构，该网状结构由制造血细胞
  的骨髓填充。

骨质流失

骨质疏松症指的是尽管骨骼保持着原有结构，但是流失了很大的骨量，因此失去了强度。在人的一生中，骨质流失是很正常的，通常是在40多岁时开始。伴随着骨质流失，骨骼支撑身体的能力也随之降低，会增加骨折（尤其是颈椎或股骨）的风险，甚至丧失行动能力。

骨质疏松症在老年人——尤其是在老年女性当中十分常见，因为女性更年期荷尔蒙的变化会增加骨质流失的速度。骨软化症通常是由维生素D缺乏导致的。维生素D能够促进肠道对钙的吸收，还有助于维持血浆中的钙水平。维生素D摄取不足，就意味着骨骼无法获得足够的钙。

这种情况与骨质疏松症的不同之处在于，骨骼保持了相对平衡的蛋白质基质，但矿物质与蛋白质的比例下降，令骨骼变软，导致支撑性不足。其原因可能在于膳食中的维生素摄入量不足，或者身体缺乏阳光照射导致合成来源缺乏。当肝脏对维生素的代谢出现故障，或者某些肿瘤也可能会导致这种情况。一些肿瘤会刺激甲状旁腺激素的分泌，导致从骨骼中过量吸收钙质。

↓　这张图显示了正常的骨组织（左），以及患骨质疏松症的骨组织（右）。

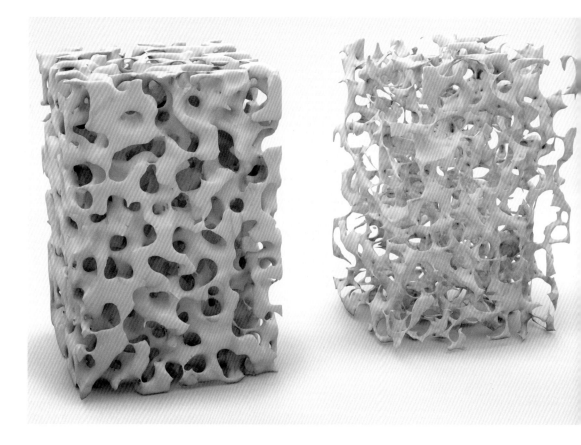

第二章　皮肤、骨骼和肌肉

关 节

严格来说，关节就是两块骨骼或软骨与骨骼相接的地方。虽然身体的许多关节可以活动，但也有些骨骼关节是紧密咬合在一起的。

关节炎

滑膜关节处的炎症统称关节炎。骨关节炎是一种退行性疾病，滑膜软骨遭到破坏导致关节软骨剥落和破裂，最终导致关节软骨缺损。当软骨变薄，两根骨骼之间相互摩擦，会进一步导致骨质流失，出现肿胀（水肿）、疼痛等炎症反应。

随着时间的推移，关节囊会钙化和产生骨赘（骨刺），导致关节的灵活性下降。关节长时间受到过度的压力和创伤可能会引起骨关节炎，因为"磨损"会造成损害，不过这种情况也可能是由遗传导致的。

类风湿性关节炎（RA）是发作于关节囊、关节软骨和韧带的一种自身免疫性疾病，受影响的关节会变形、肿胀和疼痛。类风湿性关节炎的病因尚不清楚，可能与多种因素有关，例如遗传易感性和激素失衡。

胎儿头骨里的关节

出生时，婴儿的头围比身体其他部位的尺寸都大，此时大脑的重量约为成年后大脑重量的 25%。大脑能够迅速发育，得益于构成头骨的 8 块骨骼间的半脱位关节。婴儿骨骼之间的间隙被纤维膜覆盖着，称为囟门。大多数间质在婴儿出生几个月后会闭合，但前囟门在 18—24 个月内都不会完全闭合。实际的关节（骨缝）直到 5 岁时都保持着灵活性。这段时期的增长过后，人的大脑和头盖骨的发育会明显放缓。

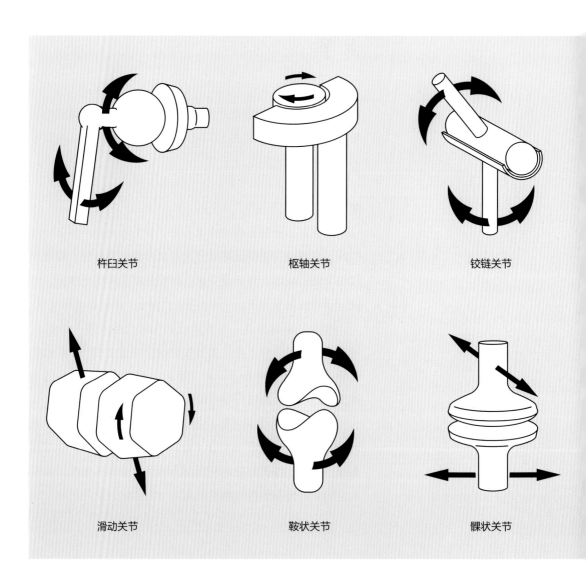

杵臼关节　　　　　　　　枢轴关节　　　　　　　　铰链关节

滑动关节　　　　　　　　鞍状关节　　　　　　　　髁状关节

↑ 关节可被分为:
　　·固定关节——在骨骼之间，无法活动。
　　·软骨关节——介于骨骼和软骨之间，允许轻
　　　微的活动。
　　·滑膜关节——允许活动，并被称为"活动"
　　　关节。

　　　　　　　　　　　　　　　　　　第二章　皮肤、骨骼和肌肉

骨骼肌

很简单，没有骨骼肌，你就寸步难行！大多数骨骼肌都是通过坚韧的肌腱附着在骨骼上的。骨骼肌大部分位于皮肤下，受你的意志控制。

当你看到全身肌肉的完整标记图时，可能会感到一头雾水，因为你面对的是许多肌肉名称，例如指浅屈肌。就像人体的许多解剖特征一样，肌肉的命名也与其特征相关，例如：

- 大小。例如胸大肌，胸壁的主要肌肉。
- 位置。例如胫骨前肌，位于胫骨的前侧。
- 形状。例如肩部的三角肌（其英文名称"deltoid"中的"del"，是"delta"的缩写，意思是"三角形"）。
- 肌肉中"头"的数量。例如肱三头肌（其英文名称"triceps"中的"tri"，意思是"三头"）。
- 运动类型。例如内收肌，向身体的中线移动的肌肉。

不过实际命名时，情况可能要复杂得多，因为肌肉的命名常与一个或多个特征有关。例如，上睑提肌的英文名称 levator（意思是"提放"）、palpebrae（意思是"眼睑"）、superioris（意思是"上"），既指出了位置，也指出了动作。

肌肉的秘密

- 人体有 600 多块肌肉，占体重的 30%—50%。
- 你的大部分骨骼肌在身体的另一侧都有"镜像"。
- 你的一些骨骼肌总会轻微地收缩，以抵消重力的影响。
- 人体最大的单一肌腱是阿喀琉斯腱，因那位希腊英雄而得名，附着在大块的腿部肌肉（腓肠肌）和跟骨上。
- 最小的肌肉是镫骨肌，长度只有 1 毫米多一点儿，负责稳定身体中最小的骨骼，也就是位于中耳的镫骨。

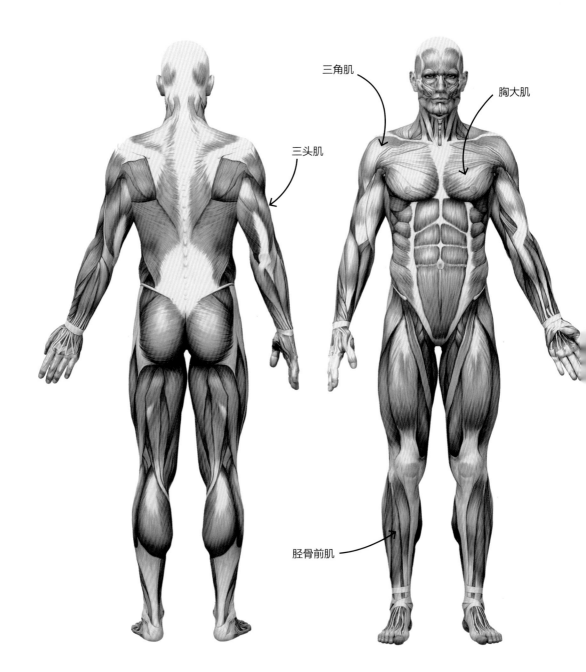

三角肌

胸大肌

三头肌

胫骨前肌

↑ 人体骨骼肌：前后视图

第二章 皮肤、骨骼和肌肉

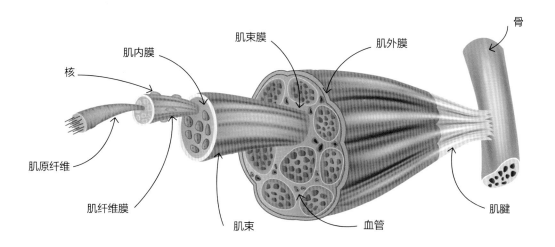

核

肌内膜

肌束膜

肌外膜

骨

肌原纤维

肌纤维膜

肌束

血管

肌腱

肌肉组织——肌肉内的结缔组织。

肌肉结构

通常，每块肌肉都有一个宽的中段（腹部）和两个末端。这些末端是坚韧的结缔组织，被称为肌腱，附着在骨骼或软骨上。致密的结缔组织（深筋膜）层覆盖在肌肉上，将它们分开，令它们能够独立行动。筋膜下有三层结缔组织，为肌肉纤维和整个肌肉提供支撑，还遍布着神经、血管和淋巴管。

这些结缔组织分别是：

· 肌外膜：（其英文名称"epimysium"中的"epi-"意思是"上"，"myo-"意思是"肌肉"）覆盖在整块肌肉上。

· 肌束膜：（其英文名称"perimysium"中的"peri-"意思是"包裹"）从肌外膜延伸进肌肉中，包裹着肌肉细胞束。每束肌肉纤维被称为一个肌束。

· 肌内膜：（其英文名称"endomysium"中的"endo-"意思是"内部"）包裹着各肌肉纤维。

单个肌细胞含有许多肌原纤维——它们是圆柱形的收缩

蛋白质束，相互平行。骨骼肌细胞的长度就是通常称它们为
"肌肉纤维"的原因。每个肌原纤维包含两个收缩蛋白（被
称为"微丝"），互相重叠。粗微丝含有肌球蛋白，细微丝
含有肌动蛋白。放线菌素紧密相扣的微丝令肌原纤维呈现条
纹状外观。

收缩和舒张

　　收缩骨骼肌通常产生骨骼的运动，但一般只有与肌肉一
端相连的骨骼才会移动，称作肌肉的止点，固定的那一端相
应被称为点。肌肉细胞以葡萄糖或脂肪酸为燃料，并以三磷
酸腺苷（ATP）的形式释放能量，释放能量的过程中还会产
生热量。ATP为肌动蛋白和肌球蛋白微丝的运动提供动力，
令这两种微丝相互滑过对方以缩短细胞，从而产生收缩运
动。整个过程由神经系统开始，由运动神经发出一个信号，
释放钙离子，钙离子涌入肌肉细胞，引发肌原纤维收缩，缩
短肌肉长度，使与肌肉相连的身体部位产生运动。

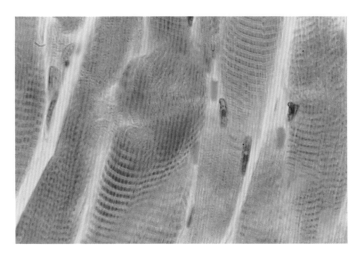

← 这张图清楚地显示了骨骼肌的条纹。

第二章　皮肤、骨骼和肌[

肌肉舒张时，需要使肌动蛋白和肌球蛋白微丝再次滑开，令肌肉变得更长。根据肌肉纤维的数量、单个纤维的直径、肌肉中段的长度和肌肉的大小，肌肉状态会发生很大变化，这些特征与特定肌肉的作用有关。

对于特定的某一块肌肉，其大小在很大程度上是由它的中段长度、肌肉纤维的数量以及肌肉的工作量决定的。

锻炼

单个肌肉纤维的直径以及肌肉本身，会因肌肉执行的工作发生改变。例如，如果你经常举重，就会刺激肌肉（例如肱二头肌）合成蛋白质。随着时间的推移，就会导致肌肉质量增加。另一方面，如果你没有规律地使用肱二头肌，它的肌肉质量则会下降。这就是一个"用进废退"的范例。

其他类型的肌肉也是同样的情况。例如心肌的扩张，如果你保持有规律的锻炼，它就会实现更大的收缩力，每次收缩都会泵出更多的血液（心搏量更大）。这就是运动员的心率低于那些很少运动或不运动的人的原因。理解负载与肌肉体积之间的关系，有助于我们在一定程度上理解为什么姿态肌群会这么大。因为在你站立的时候，这些肌肉必须支撑起那些尤其会受到重力影响的关节。

这些肌肉的体积提醒我们这种力量多么重要。例如，为了保持背部的稳定以及脊柱和头部的直立，背部的竖脊肌需要足够强壮。同时，臀部的臀大肌必须足够强壮，才能在重力的作用下稳定髋关节，从而保持直立的姿势。大腿的股四头肌也必须很结实，才能使膝关节在重力作用下保持稳定，保证腿部自由伸展或伸直。

骨骼肌

肌肉运动

肌肉收缩时只能实现牵引而不能反向运动。因此，肌肉必须成对运动。产生运动的肌肉被称为主动肌，而阻止运动的肌肉被称为拮抗肌。

拮抗肌不会完全阻止运动，只是产生足够的反向收缩力，以充分保护动作涉及的关节。主动肌可以延长（伸直）或收回（弯曲）一个关节，这就是执行此类运动的肌肉被称为伸肌或屈肌的原因。

想想手臂弯曲和伸直时肘关节的运动。它所涉及的肌肉是肱二头肌和肱三头肌。肱三头肌是一种伸肌，当它收缩时，手臂会伸展开。肱二头肌是一种屈肌，当它收缩时，手臂会收回或弯曲肘关节。在将手臂拉直这个运动过程中，伸展手臂的伸肌（肱三头肌）与屈肌（肱二头肌）是对抗的；而当肘部弯曲时，情况正相反。

肌肉拉伤

肌肉拉伤，发生在用力太猛、过度使用或拉伸肌肉导致肌纤维撕裂时。因为骨骼肌纤维已经形成，细胞不再分裂，因此"撕裂的"肌肉愈合后会产生疤痕组织。这些伤痕累累的肌肉弹性低于正常的肌肉组织，效率降低。如果受伤情况严重而且持续恶化，疤痕组织可能会骨化（"变成骨骼"），弹性降低程度更大。这种情况被称为骨化性肌炎。

肌纤维刺激

引起肌肉收缩的神经细胞统称为运动神经元。运动神经

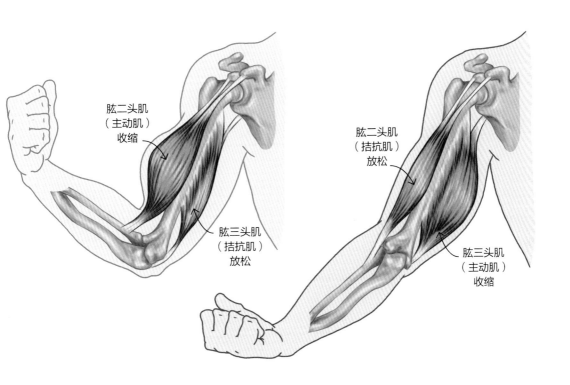

肱二头肌
（主动肌）
收缩

肱三头肌
（拮抗肌）
放松

肱二头肌
（拮抗肌）
放松

肱三头肌
（主动肌）
收缩

上臂的肌肉群互相协作，一起弯曲（收回）和伸直（伸展）下臂。

经常会在大脑内被激活，从大脑（通过颅神经）传到脸部肌肉和头骨，或通过脊髓（脊髓神经）传到身体的肌肉。这些终止于肌肉纤维的运动神经元结构，被称为神经肌肉接头。而运动神经元和肌细胞之间的神经肌肉接头或间隙，被称为突触。沿着肌纤维的长度方向，会形成末端来自同一个神经细胞的众多突触。

因此，如果这个神经细胞是活跃的，传输向神经末梢的脉冲将同时刺激整条纤维，确保整个纤维收缩。神经元-肌肉纤维界面的突触与神经元-神经元突触有一定的不同，被称为运动终板。然而，作为一种化学神经递质，终板的功能与其他突触非常相似。

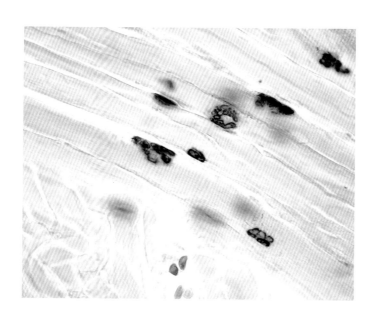

← 当一个信号到达神经肌肉接头（这张显微片上的黑点）时，肌肉细胞周围的肌纤维膜产生刺激。然后，肌纤维膜中产生的电流传至细胞，释放细胞内存储的钙离子，引发肉收缩。

肌肉痉挛

肌肉收缩的强度取决于神经的兴奋程度或刺激水平，以及局部化学环境。一块收缩肌肉处于缺氧状态（此时氧气供应很低）下的时间长短，会影响其收缩强度。当兴奋度增加到某一阈值时，该肌肉的神经刺激会产生一个持续的、强大的收缩力，导致低氧水平（缺氧），引发痛苦感受，出现痉挛、抽筋。

抽筋通常与长时间的身体运动有关，当肌肉受到高频率的神经刺激时，就会持续收缩。痉挛通常与较低水平的肌肉活动有关，例如，只是从一个坐着的位置起来，你就有可能发生痉挛。

痉挛和抽筋具有保护作用，可以防止肌肉在持续使用的过程中受伤，但并不会减轻疼痛。

第二章　皮肤、骨骼和肌肉

第三章

心血管系统

传送系统

心血管系统由心脏（泵）和血管（传输系统）组成。这套系统旨在保持血液流动，向细胞输送营养物质、氧气和激素，并清除二氧化碳之类的代谢产物。

心血管系统不能单独工作，需要与其他系统一起合作，以维持血液成分，保持稳态。例如，与消化系统、呼吸系统、淋巴系统和泌尿系统一起，维持血液的稳态。非随意（自主）神经系统和内分泌系统负责协调心血管（及其他）系统的活动。它们相互依赖，以保持稳态，当其中一个受到干扰时，往往也会导致其他系统出现故障。

血管命名

就像第二章中所展示的骨骼名称一样，血管的名称也极其复杂，但是血管的名称通常也会透露其外观或特定器官分布的线索。所以，如果你熟悉人体主要的骨骼肌肉和神经"地标"，就应该不会对这些名称感到惊讶。心血管系统的心脏是"心脏"——请原谅我使用了双关语——这个器官从来没有停止过以规律的脉冲泵出血液，通过血管网络集合氧和营养物质，并将它们输送到身体的细胞中，同时将代谢产物从细胞中清除并带走。

心血管系统——包括心脏、人体的动脉和静脉——形成了一个完整的网络，将血液输送到几乎每个人体细胞中。每天大约有 7500 升的血液被心脏泵送到各条血管中。

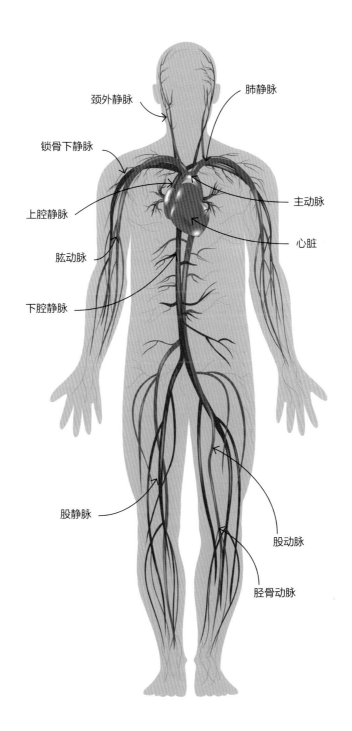

颈外静脉

肺静脉

锁骨下静脉

上腔静脉

主动脉

肱动脉

心脏

下腔静脉

股静脉

股动脉

胫骨动脉

血管

心血管系统是一个"封闭"系统,由精心铺就的管道构成。心脏泵出血液,单向输入整个系统。

血管的结构致使其功能迥异,但除了毛细血管外,所有血管都有相同的三层基本结构,被称为"膜"或"束膜":

• 最内层的内膜由单层扁平的内皮细胞构成。毛细血管只有这一层结构,能够帮助血液、间质液和人体细胞之间实现物质的快速交换。

• 中膜为中间层,主要由弹性、平滑肌(非随意)纤维构成。

• 外膜是外层结缔组织。

心血管系统中包括五种类型的血管,以团队协作的形式将血液及其成分输送到人体细胞里,或从中运出。它们是动脉、小动脉、毛细血管、小静脉和静脉。

动脉系统

动脉负责把血液从心脏输送出去。除了发育中的胎儿的肺动脉和脐动脉——这些动脉循环携带的是去氧血(即含氧量低的血)——外,动脉通常输送氧合血液。

动脉要么是弹性动脉,要么是肌肉动脉。弹性动脉,如主动脉、肺动脉及其主要分支,直径较大,中间层含有更多的弹性纤维,可以"伸展",以容纳心室收缩时泵出的血液。当心脏肌肉放松时,心脏就会收缩。弹性动脉有时被称为"传导血管",因为它们将血液从心脏输送到肌肉动脉。肌肉动脉是中等大小的血管,中层含有更多的平滑肌纤维,

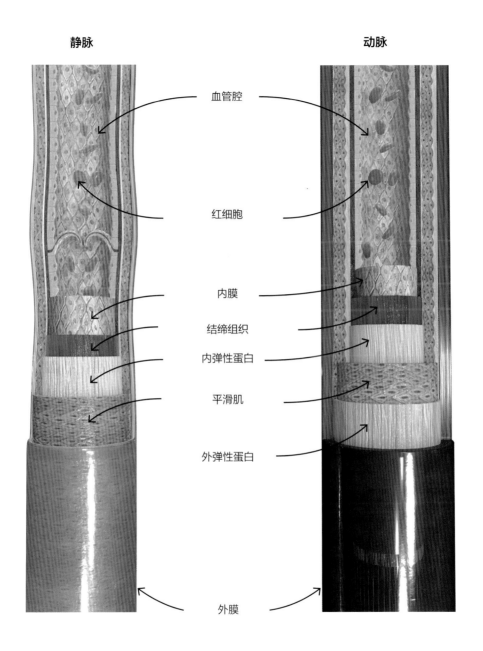

静脉　　　　　　　　　　　　　　动脉

血管腔

红细胞

内膜

结缔组织

内弹性蛋白

平滑肌

外弹性蛋白

外膜

↑　动脉和静脉都是由多层结缔
　　组织和肌肉构成的。

血管

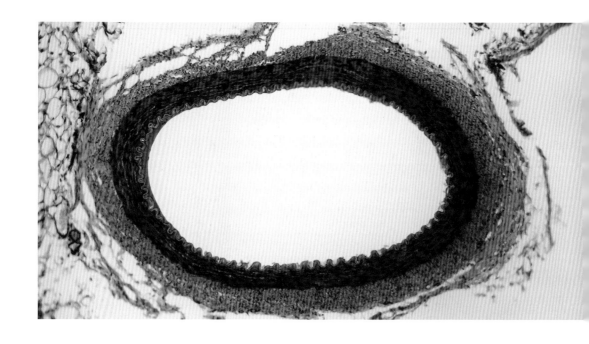

通过收缩或放松肌肉纤维来调节血液流动，以适应细胞的需要。肌肉动脉有时被称为"输送血管"，因为它们将血液输送到动脉系统中最小的动脉——小动脉上。

小动脉将血液输送到毛细血管网络，然后这些网络就可以为细胞提供它们所需要的血液成分。最靠近毛细血管的小动脉含有毛细血管前括约肌（圆形肌肉纤维）。这些肌肉纤维可以改变小动脉的直径——部分收缩会减少血液流量，而完全收缩会阻止血液流量。这些括约肌调节毛细血管的血流量，根据组织细胞的需求为其提供血液供应。因此，小动脉又被称为毛细血管前阻力血管。

毛细血管

小动脉会分流出若干条毛细血管，这些毛细血管又汇聚成一条条小静脉。通常，毛细血管是由一层细胞（相当于内

↑ 这张动脉切片清晰地显示了厚厚的肌肉壁（深色处），其较大动脉的直径有 10 毫米甚更长。

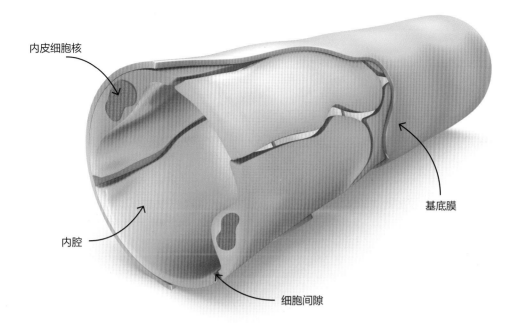

内皮细胞核

内腔

基底膜

细胞间隙

毛细血管截面。

膜）构成的管。毛细血管通常只有单个血细胞的宽度，所以其中的血液流速比主动脉慢 600 倍。

几乎所有的体细胞附近都分布有毛细血管，血液和细胞之间的物质交换都是由毛细血管负责，这也是它们有时被称为"交换血管"的原因。毛细血管的数量取决于它们所供应的组织的活动性。

例如，高活动性肌肉和神经组织拥有丰富的毛细血管供应，而低活动性组织（比如肌腱）的毛细血管则十分稀少。

静脉系统

静脉系统有时被称为身体的"排水系统"——它把血液从毛细血管汇集到心脏。在从毛细血管返回心脏路途中，静脉血管的直径逐渐增加，管壁不断增厚，从最小的静脉（小静脉）汇聚成较大的静脉（例如胃静脉），最后变成最大的静脉（上腔静脉和下腔静脉）。静脉壁比动脉壁要薄，因为它们的弹性组织和平滑肌较少。它们的内腔更大，意味着阻碍血液流动的阻力更小。这是必要的，因为静脉循环内的血压很低。为了帮助血液回流心脏，四肢的深静脉中有瓣膜——尤其是腿部，当一个人站直时，需要足够的压力来对抗地心引力，以帮助血液流过那段路程。

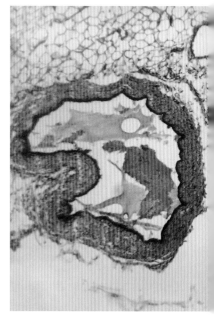

↑　与 54 页所示动脉图相比，这条静脉壁更薄，肌肉组织更少。而最大的静脉直径可以达到 13 毫米以上。

瓣膜

在显微镜下观察时，瓣膜就像从静脉壁向腔内凸出的小花瓣。当血液通过静脉时，瓣膜被推开。但当血压下降时，血液会向后流，关闭瓣膜的瓣叶。此外，这些瓣叶还受环绕静脉的骨骼肌的"挤压"（收缩）作用控制。这些瓣膜的运动可以确保血液流向心脏而不是反流。胸腔和腹腔的小静脉，以及特别大的静脉中没有瓣膜。静脉血约占血容量的60%，这就是它们也被称为"血库"的原因。

静脉曲张

静脉瓣膜损伤可能是先天性的（出生时就存在），也可能是出生后才产生，如果静脉系统长时间处于高压状态下，例如怀孕、超重以及长时间站立，就可能发生这种损伤。结

血管的秘密

· 循环系统非常长，总长度约 10 万千米，足以环绕地球 2.5 圈。
· 血管会受天气影响。靠近皮肤表面的血管会膨胀以释放热量，让你凉快下来；在你感觉到冷的时候，它又会收缩，以节省热量。
· 静脉不像许多图中显示的那样是蓝色的，而是暗红色的，因为它们中的血液含氧量非常少。
· 动脉中的血液是鲜红色的，因为它们含有大量的氧。
· 血管会随着年龄和时间发生变化，可能很早就会有损伤，甚至在儿童时期。患有高血压的肥胖青少年到 30 岁时可能会出现动脉增厚的迹象。
· 吸烟会对肺部造成直接损害，并逐渐损害血管。对心脏病或中风患者来说，烟雾中的化学物质可能是造成病因的极大的危险因素。

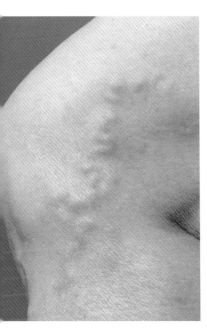

正常的静脉瓣膜可以防止血液反流，而渗漏、异常的瓣膜会让一些血液反流，导致静脉膨胀。

果便是受损的瓣膜"渗漏"（或变得关闭不全），导致血液反流，在受影响的瓣膜下方瘀积。

这些瓣膜遭到破坏的静脉被称为静脉曲张，它们会变得长而弯曲。随之而来的是，液体渗漏到周围的组织中，造成肿胀的外观（水肿）。受影响的静脉和周围组织可能会发炎和疼痛，并发展为静脉曲张溃疡。静脉曲张的邻近区域可能会疼痛，因为水肿后减少了氧气和营养物质的输送。这些静脉遭到撞击时容易出血，但通常病人们抱怨的主要是它们的外观。靠近皮肤表面的静脉更容易发展成静脉曲张。深静脉通常不那么脆弱，因为周围的骨骼肌不允许它们的血管壁过度伸展。

→ 患有静脉曲张的表现是出现靠近皮肤表面的、扭曲的青色血管。

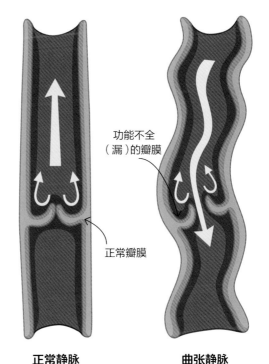

功能不全
（漏）的瓣膜

正常瓣膜

正常静脉　　　　　　**曲张静脉**

双循环

循环系统由体循环和肺循环两个主要系统组成。

体循环将心脏左侧的氧合血液通过遍布全身的动脉血管泵入组织细胞，将氧和营养物质送入细胞，将二氧化碳和其他代谢产物从细胞带走。之后这些去氧血液（含氧量低的血液）从细胞运送回心脏右侧，再通过肺循环泵入肺部。静脉系统中的去氧血经过肺循环可以重新氧合。

← 在双循环中，血液先是流向肺，然后流经身体，最后再重新回到肺。

第三章　心血管系统

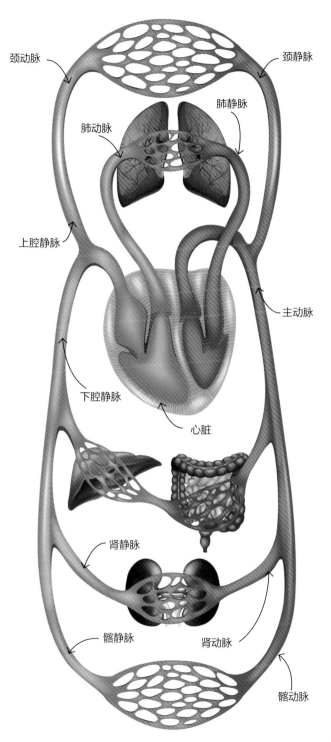

颈动脉

颈静脉

肺静脉

肺动脉

上腔静脉

主动脉

下腔静脉

心脏

主要血管

图中所示蓝色血管，负责将血液输送入心脏。但是，肺静脉是红色的，因为它们将氧合血从肺部输送到心脏左侧。

股静脉——含有特殊的瓣膜，帮助血液对抗重力流回心脏。

下腔静脉——是人体最大的静脉，将去氧血从心脏下方的血管、组织和器官运回心脏右侧。

上腔静脉——将去氧血从心脏上方的血管、组织器官运回心脏右侧。

颈静脉——排出头部和大脑的血液。

锁骨下静脉——从手臂收集去氧血。

肾静脉

髂静脉

肾动脉

髂动脉

双循环

肺动脉将缺氧的血液从心脏右侧输送到肺部。在这里，血液中的二氧化碳被排至气管，肺部吸入的氧则被补充到血液里，再由肺静脉将这些氧合血液输送回心脏。肺循环是成人血液循环中唯一由动脉输送去氧血，由静脉输送氧合血的血液循环。

冠状动脉循环

心脏腔室持续为血液所充盈，而它们可以直接为心内膜提供营养。然而，中间层的肌肉细胞和外层细胞距离太远，无法从血液中获得营养。这些细胞需要它们自己的血管输送氧和营养物质——冠状动脉循环。

严格地说，这种循环是体循环的一部分，因为它从心脏左侧运送氧合血，并将去氧血送回心脏右侧。它由两条主动脉——右冠状动脉和左冠状动脉组成。它们是源自心脏左侧主动脉上发出的第一个分支。这些动脉不断分叉，形成一个由越来越小的血管组成的复杂网络，为心肌提供氧和营养。就像在身体的其他部位那样，去氧血通过冠状静脉回到心脏，而冠状静脉通过冠状窦将它们彻底注入心脏右侧。

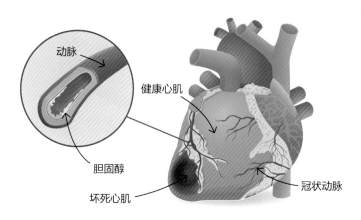

动脉

健康心肌

胆固醇

坏死心肌

冠状动脉

← **冠状动脉疾病**

冠状动脉疾病（CAD）是由于冠状动脉狭窄或阻塞导致心肌缺氧而引起的。动脉粥样硬化是冠心病最常见的病因，这是一种"动脉硬化"即动脉阻塞。这种堵塞，即我们平时常说的"栓塞"，主要是由胆固醇构成的。导致动脉粥样硬化的因素有很多，例如冠心病家族史、缺乏锻炼、糖尿病、压力和吸烟，血块（血栓也会造成冠状动脉阻塞。一些患有轻微心脏病的人同时还可能患有所谓的"隐性"心肌梗死他们自己却毫无察觉。对于普通人来说，冠状动脉疾病可能只会导致胸痛（心绞痛），而对那些患有严重心脏病的人来说，则可能意味着死亡，因为会导致心脏衰竭。

第三章 心血管系统

心脏

　　心脏是一个强大的肌肉泵，它位于两肺之间，在胸腔中略向左斜。

　　心脏位于脊柱前、胸骨后，其大小与握紧的拳头相近，但并不完全相同。心脏有三层结构。

　　最外面的是一层双层结构的膜，中间含有液体，起支撑和保护作用，称作心包；中层是一种特殊的肌肉组织，称为心肌；最里面的是心内膜，拥有一层平滑的内膜，可以防止血液凝固。

两部分

　　心脏被分为左、右两半。右边接受来自体循环的去氧血，左边接受来自肺循环的氧合血，每一半又被进一步分成两个连通的腔室——一个位于上方的心房和一个位于下方的心室——将血液泵入血管的地方。心房负责收贮从血管涌入心脏的血液，再由心脏真正的"泵"，即心室将血液从心脏排出。

　　心脏的心房、心室以及相连的血管被瓣膜分隔开来，瓣膜的功能与静脉瓣膜相同——确保血液的单向流动，防止不必要的反流。

　　三尖瓣将右心室与右心房分隔开，而将左心房和左心室分隔开的瓣膜则称作二尖瓣或僧帽瓣。肺瓣膜把守着肺动脉干的入口，去氧血经由这里从心脏输送到肺。主动脉瓣掌管着主动脉的入口，负责将氧合血从心脏送到身体的其他部位。

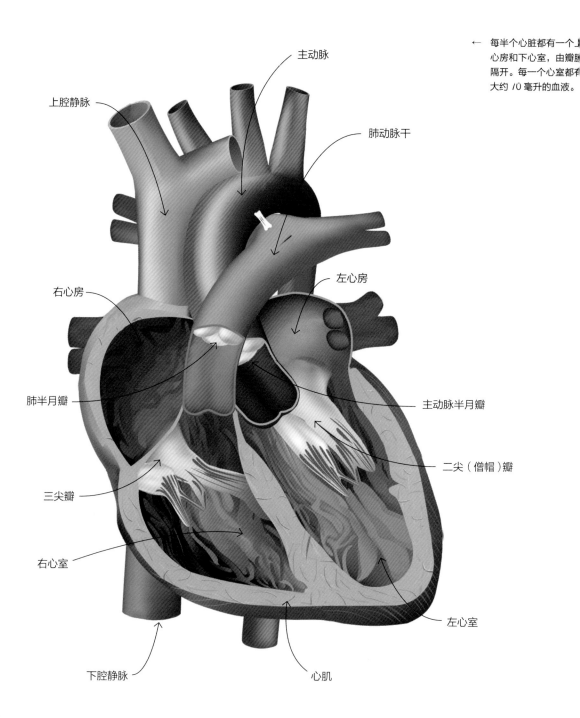

主动脉

上腔静脉

肺动脉干

右心房

左心房

肺半月瓣

主动脉半月瓣

三尖瓣

二尖（僧帽）瓣

右心室

左心室

下腔静脉

心肌

← 每半个心脏都有一个[⋯]心房和下心室，由瓣膜隔开。每一个心室都有大约 70 毫升的血液。

启动信号

　　和其他肌肉一样，心肌也需要神经脉冲的刺激才能收缩。这种脉冲通过特殊的神经纤维传导至心肌。这一天然"起搏器"，可以产生有规律的电脉冲，刺激心肌有序可控地收缩，这一过程即心动周期，心脏每次跳动都要经历这样的周期。

　　一个心动周期包含三个阶段：静息阶段、心房收缩阶段以及心室收缩阶段。在静息阶段（舒张期），心脏的右侧充满去氧血（来自身体），而左侧充满氧合血（来自肺）。大约 70% 由心房被动接收的血液，通过打开的房室瓣膜（三尖瓣和二尖瓣）流入心室。在第二阶段（心房收缩阶段），两个心房同时收缩，将剩余的血液压入两个心室。

　　在第三阶段（心室收缩阶段），两个心室同时收缩以及所引起的压力变化，使得房室瓣膜关闭，半月形（肺动脉和主动脉）瓣膜张开，将血液从右心室泵入肺部，从左心室泵入身体各处。当心室的血液排空、心脏肌肉放松（舒张）时，循环再次开始。

　　触发心跳的电脉冲可以通过心电图（ECG）记录下来，从而识别心率是否正常。

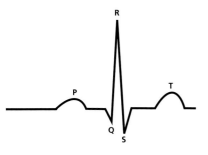

↑ 普通心电图的数据会展现为各种波段（PQRST），每个波段代表产生心跳所需的电活动。

血压

　　心脏产生的高压是血液循环的动力。血压是血液对于血管壁产生的压力。

　　研究显示，左室收缩压峰值见于冠状动脉分支前的主动脉中。压力的最低值则出现在上腔静脉和下腔静脉的交界处。不过最重要的还是平均血压，因为左心室是以脉动的方式泵血，组织流量通常也会随之变化。静息状态下青年人的体循环动脉压正常值约为 80—120 毫米汞柱（10.66—15.99 千帕）。

↓ 血压计上有一个可充气的袖套，医生把它套病人的手臂上，使其充盈到高于预期的收压，从而阻断手臂动脉中的血液流动。然后开泄气阀降低袖套压力，直至与收缩压相配，此时血液重新开始流动，发出医生可以过听诊器听到的声音。此时的压力数值就被录为"收缩压读数"。而血流停止发出声音的压力数值，则被记录为"舒张压读数"。

高血压与肥胖

通常来说，高血压没有任何症状，所以想知道你是否患有高血压的唯一方法，就是定期由医生或护士帮助测量。许多医生认为，如果静息收缩压长期大于 140 毫米汞柱（老年人大于 160 毫米汞柱），舒张压大于 90 毫米汞柱，就可以确诊为高血压。临床医生也会关注血压读数，因为高血压患者的死亡率明显高于普通人。血压升高导致的其他风险也急剧上升，高血压患者尤其容易受到中风（脑血管意外，简称 CVA）或心脏病发作（心肌梗死，简称 MI）的威胁。

高血压的确切病因目前尚不完全清楚，但我们已确切知道的是，有些生活方式的确会增加你罹患高血压的风险。如果你吃盐太多，运动量不够，喝太多酒，没有吃足够的水果和蔬菜，以及超重，就容易患上高血压。高血压和肥胖经常形影不离。现有的证据表明，腹部脂肪（啤酒肚）对血压的影响最大。如果女性腰围在 89 厘米以上，男性腰围在 102 厘米以上，罹患高血压、心血管疾病和糖尿病的风险将会显著增加。

监测在收缩期从左心室泵出的血液时，会得到一个较高的值，因而被称为收缩压。较低的值则出现在舒张期的末期，因此被称为舒张压。要记住，对于整个人群来说，没有所谓"正常血压"这样的数值。但是，对特定的个体来说，是存在正常值的，但也会随着个体的活动和年龄而变化。

例如，你在休息时的血压便比剧烈运动时的要低。随着年岁渐长，收缩压也会逐渐升高：一般来说，血压会在 10 年之内从最初的 90 毫米汞柱，升高到 105 毫米汞柱。高于这一数值的血压水平被称为高血压。持续的高血压会对身体产生负面影响。据美国疾病控制与预防中心统计，美国约有 7500 万人（29% 的成年人）患有高血压，而由此导致的疾病给美国造成的损失高达每年 460 亿美元。

脉搏

我们可以在皮肤、骨骼或坚硬的体表附近触到脉搏。它代表着每次左心室收缩（舒张）时动脉的扩张和回缩。

这样一来，你就会明白为什么在离心脏最近的动脉处脉搏最强，然后在动脉系统中逐渐减弱，最后完全消失在毛细血管网中。最常见、最准确的测量脉搏的部位是手腕，或者叫桡动脉处。不过如果情况不允许——例如手臂过胖导致难以测量桡动脉脉搏——也可以用其他部位例如颈动脉（颈部）来测量。

心跳加速

测量脉搏时，主要注意的是三方面的因素：频率、力量和节奏。脉搏频率与心率相同，一般是以 60 秒为周期，计算心跳次数。脉搏频率会随着年龄、活动量、健康程度、体温而变化。如果你有感染或疾病迹象，甚至你只是害怕或焦虑了，脉搏频率都会发生变化。一个成年人安静地躺在床上时，静息脉率应该在每分钟 60—80 次之间。脉搏异常快，达到每分钟 100 次甚至更高，称为心动过速。运动时出现这种情况是正常的，但同时也可能是感染、发烧、情绪不安、怀孕、贫血、心力衰竭或甲状腺功能亢进的症状。

而低于 50 次 / 分钟的异常缓慢的脉搏，称为心动过缓。当心脏的"起搏器"（窦房结）产生的电脉冲不能到达心室（心脏传导阻滞），心室收缩速度减慢时，就会出现这种情况。它可能代表着你的甲状腺功能低下、体温过低（失温症），或"起搏器"的氧供给不足。药物治疗反应期间有时

第三章　心血管系统

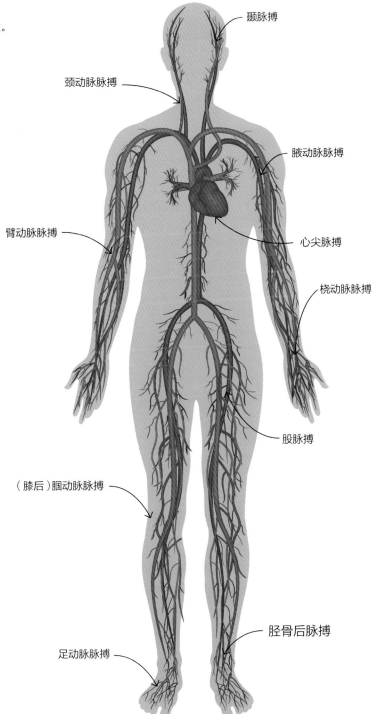

身体周围主要的脉搏点。

颞脉搏

颈动脉脉搏

腋动脉脉搏

臂动脉脉搏

心尖脉搏

桡动脉脉搏

股脉搏

（膝后）腘动脉脉搏

胫骨后脉搏

足动脉脉搏

也会出现这种情况，例如之前提到的那些服用
β 受体阻滞剂的病人。严重的心动过缓和心动
过速，会导致冠状动脉供血不足，进而导致心
脏病发作或大脑缺氧，思维混乱，失去方向感，
甚至引发脑损伤。

↑ 将两三根手指轻轻地按压手腕下侧中心，可以
检测到桡动脉脉搏。

强还是弱？

  脉搏的强度很重要，它意味着心脏的输出
量和可能的血压。脉搏的强度取决于左心室的
收缩力量和收缩时泵出的血量。在不同部位感
受到的脉搏强度与收缩压有明显的关系。例如，
桡动脉的脉搏强度大于 80 毫米汞柱，颈动脉的
脉搏强度则大于 60 毫米汞柱。脉搏微弱表明
每次心室收缩时只泵出了少量的血，也可能是
测脉搏的部位上方的动脉出现了硬化，阻塞了
血管。

  脉搏的节奏即其节拍模式。身体健康的人，
这种模式是有规律的，因为心脏的心室是以一
种协调的方式收缩的；不规律的脉搏可能意味
着潜在的心律失常。

脉率不齐

大多数读者一生中都难免会经历心悸（患者能感觉胸壁上的心跳），这通常是"正常的"。可能发生在剧烈运动或严重的情感波
动时，也可能与心律不齐（心律失常）有关。发生心悸后，你应该告诉医生，如果医生认为它只是间歇性的心律失常，很可能不
予治疗。
但是如果医生认为这种心律不规律经常发生，那么它很可能是心脏传导阻滞的结果，或者可能是房颤——最常见的心律不齐——
的表现。在 60 岁以上的成年人中，2%—4% 的人会出现这种症状。

第三章　心血管系统

第四章

体内保护者：
幕后勇士

红细胞

血液是联结外部世界与机体组织液和细胞的纽带。它的重要性不可低估，因为身体的任何部分失去血液就不能正常运行。如果血液不能及时循环，人在几分钟内就会死亡！

在你割伤自己时，流出的血液是一种均匀的暗红色液体，静待几分钟，它通常会凝结（凝固）。但是如果你通过显微镜观察血液的话，会看到血液是细胞的混合物，漂浮在一种叫作"血浆"的淡黄色液体中！血浆主要由水构成，此外还有凝血蛋白、酶、激素、营养物质（例如葡萄糖、氨基酸、脂肪酸）、胆固醇、代谢产物（例如尿素），以及像钙那样的溶解盐（电解质）。

这些成分使此类液体既黏性又难以流动。血细胞主要分为三类：红细胞、白细胞及血小板。红细胞中携带的氧要比其他血细胞多得多。类似"甜甜圈"的双孔形状，为其提供了很大的表面积，因此可以快速地进行气体交换——在这些细胞中，氧与二氧化碳进行交换；在肺中，将二氧化碳重新置换为氧。红细胞的细胞质含有血红蛋白，是一种红色素，其主要功能是输送呼吸气体，主要是氧气。

红细胞也定义了一个人的血型，因为它们的细胞膜含有一种叫作"抗原"的化学标记。全世界已发现的血型超过35种。尽管这些血型在法医学上非常重要，例如用来识别来自世界不同地区的罪犯和尸体，但在临床上，只有 ABO 和 RH 这两种主要的血型系统具有重要意义。因为输血不当会令受血者体内的红细胞凝结（凝集），并可能导致例如胸痛、背部和腹部疼痛、呼吸困难、黄疸、尿血、发冷和发烧等症状。

→ 红细胞多聚集在白细胞周围。红细胞通常存滞120 天左右，然后会被身体分解。

第四章 体内保护者：幕后勇士

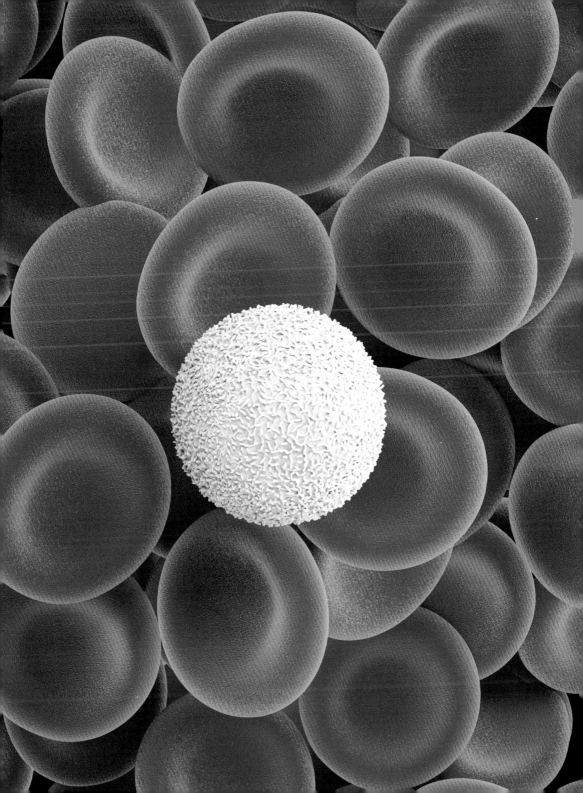

白细胞

白细胞是人体免疫系统的一部分。它们在血液和淋巴管中循环并在淋巴结中积聚，"寻找"这些区域和邻近组织中病原体入侵的迹象。

白细胞有细胞核，但没有色素，所以与红细胞相比，是呈"白色"的。白细胞分为两大类：粒细胞和非粒细胞。

粒细胞

粒细胞的细胞质中含有颗粒，而非粒细胞中则没有这些颗粒。根据其颗粒对染色技术（通常应用于医院血液科）的反应，粒细胞可被分为中性粒细胞、嗜酸性粒细胞和嗜碱性粒细胞。

中性粒细胞的颗粒会被中性染料染成紫色，中性粒细胞因此而得名。它们的颗粒含有酶和其他可以杀死细菌的化学物质。它们具有很强的移动性，是第一批到达受损部位的白细胞。它们也是在人体组织受到细菌破坏时反应最活跃的吞噬细胞，所以细菌感染经常会导致大量的中性粒细胞死亡。受伤部位的脓液就是由这些死亡的细胞（白细胞和死细菌）构成的。

嗜酸性粒细胞会被酸性染料染色，对寄生虫和细菌有吞噬作用。这些细胞还能对抗引起过敏的刺激物，这就是为什么它们的数量会随着过敏反应和寄生虫的感染而增加。它们的颗粒含有强大的酶，而且由于它们参与抗体免疫反应，它们还具有中和受损组织释放的炎症物质（例如组胺），消除其影响的功能。嗜酸性粒细胞特别容易在发生过敏反应的部

第四章 体内保护者：幕后勇士

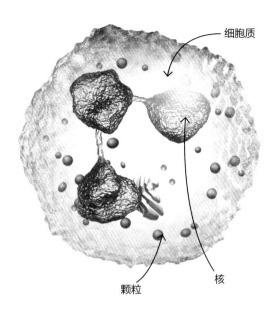

细胞质

核

颗粒

中性粒细胞

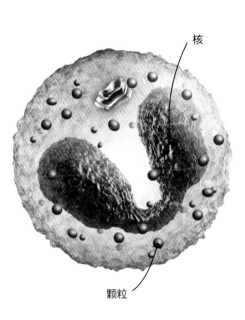

核

颗粒

嗜酸性粒细胞

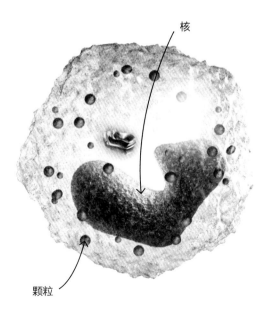

核

颗粒

嗜碱性粒细胞

细胞

位积聚，例如花粉症患者的鼻子。

嗜碱性粒细胞因其颗粒易被碱性染料染色而得名。它们在过敏反应中很重要。进入发炎的组织时，嗜碱性粒细胞会将这种刺激性的化学物质与自己的细胞膜结合。这种结合促使嗜碱性粒细胞释放其颗粒中的物质——组胺和血清素。这两种物质都能扩张毛细血管，增加通透性，使血液流经发炎部位。此时的外在表现为局部肿胀，被称为水肿。

瘙痒和疼痛也与组织胺大量分泌到发炎组织有关。被激活的嗜碱性粒细胞——有时被称为肥大细胞——释放的其他化学物质，会吸引具有吞噬作用的嗜酸性粒细胞甚至更多的嗜碱性粒细胞来到受感染区域。它们的工作是吞噬细菌、其他微生物及其颗粒。所有粒细胞都有一个分叶状核，而非粒细胞中要么是肾状核（这样的白细胞被称为"单核细胞"），要么是球形核（这样的白细胞被称为"淋巴细胞"）。

非粒细胞

单核细胞，又称巨噬细胞，是大型吞噬性白细胞。它们一般以下面两种方式存在：

位于血液外的游离单核细胞（或"移动的"巨噬细胞），或者仅存在于结缔组织中的不动（或固定的）单核细胞。"迁移的"单核细胞或"移动的"巨噬细胞可以四处活动（因此得名），它们内部含有大量的线粒体，以满足其机动性增强所需的能量。

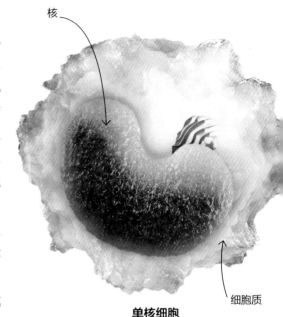

核

细胞质

单核细胞

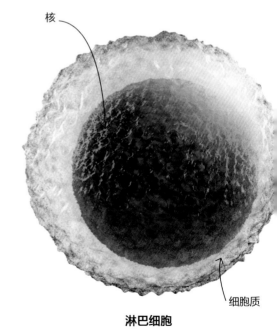

核

细胞质

淋巴细胞

巨噬细胞可以迅速到达损伤处，执行其吞噬功能。它们还能释放化学引诱剂，吸引更多的巨噬细胞和吞噬细胞来到炎症部位。进入炎症部位的单核细胞被称为"清道夫"巨噬细胞，它们可以清除所有损伤导致的碎片，就像秃鹰啄食其他动物的残骸一样！迁移的单核细胞进入骨髓、脾脏、肝脏和淋巴结，在那里发育成更大的特化细胞，例如肝脏的肝巨噬细胞。它们对摧毁已经走到生命尽头的红细胞起着关键的作用。

一种抗体模型。许多抗体只能识别单个病原体，与它们通过"锁匙机制"附着。

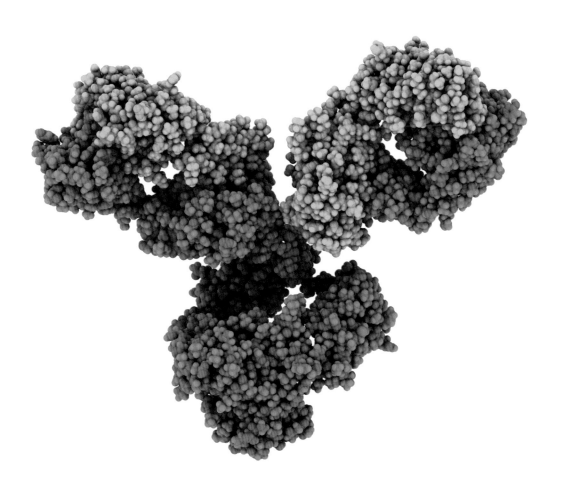

T 淋巴细胞和 B 淋巴细胞

绝大多数淋巴细胞位于淋巴系统内并因此得名。有些淋巴细胞会出现在血液中——通常是在出现感染时。淋巴细胞一般可以分为 T 淋巴细胞和 B 淋巴细胞两类，同时也存在许多亚群中。

T 淋巴细胞被分为四种类型：细胞毒性 T 细胞（杀手），杀死微生物，同时设法使自己生存下来，继续杀死其他微生物目标；辅助性 T 细胞，能够刺激 B 淋巴细胞产生抗体；迟发型超敏反应 T 细胞，参与一些超敏或过敏反应；抑制性 T 细胞，在感染已得到清除时叫停抗体的生成。B 淋巴细胞被分为两种：体积较大的血浆抗体生成细胞以及 B 记忆细胞。

总体来说，淋巴细胞扮演着几个不同的角色。T 淋巴细胞在细胞免疫反应中可以直接攻击任何潜在的病原体，而 B 淋巴细胞分裂成大的"血浆"B 细胞，产生并释放抗体。这些抗体通过"锁钥机制"与外来抗原结合，将抗原变得对人体组织无害，因此有助于对抗感染，并使身体对某些疾病产生免疫力。

以下是几种抗体或免疫球蛋白（英文缩写为 Ig）：

• IgA 主要存在于保护人体内表面的分泌物，以及眼泪、呼吸道和肠道中。

• lgD 主要位于 B 淋巴细胞膜的外侧，起着抗原感受器的作用。

• IgE 参与预防寄生虫感染和过敏反应。

• IgG 是免疫反应所涉及的主要抗体，用于对抗以前遇到过的所有感染。

• IgM 是最大的抗体，由 5 种抗体结合而成，是人体遇到新感染时形成的第一种抗体。

　　　　　　　　　　第四章　体内保护者：幕后勇士

↓ 不良的饮食习惯会使白细胞减少，所以控制脂肪、热量、糖和钠的摄入量，多吃富含抗氧化剂、纤维、钙的食物，以及那些富含健康的不饱和脂肪酸的食物，包括植物性油脂（例如葵花籽油）是非常重要的。

白细胞和抗体的秘密

· 中性粒细胞是循环白细胞总量中占比最大的一类（约 65%）。嗜酸性粒细胞约占 3%，嗜碱性粒细胞约占 1%，单核细胞约占 5%，淋巴细胞的占比为 20%—35%。

· IgA 占抗体总量的 15%—20%，IgD 不到 1%，IgE 仅有微量，IgG 占 70%—75%，IgM 约占 10%。

· 运动时，你的白细胞数会迅速增加，身体能够更快地识别病原体。而在你休息时，白细胞数则会恢复正常。

· 每天补充维生素 C 有助于远离病原体！因为它能促进白细胞的产生，对抗感染。这就意味着柑橘类水果、浆果和十字花科蔬菜（即西蓝花和花椰菜）在对抗病原体上助力显著。

· 研究表明，超重会削弱你的免疫系统。同时，白细胞数量降低也会影响机体抗感染的能力。因此，面对疾病时，减掉多余的体重会让你更健康。

· 白细胞计数过高未必是件好事。它通常意味着潜在的健康问题，如炎症、创伤、过敏或其他疾病——例如白血病。

血小板

这些卵形细胞是体积最小的血细胞。成熟的血小板没有细胞核，但它们是由更大的有核细胞产生的，存在于红骨髓、肺、脾脏和肝脏中。

当血小板被激活以应对任何组织损伤时，它们会经历一场巨变。皮肤被割伤几秒钟后，血管的肌肉壁会收缩，从而减少了流向该区域的血液。此过程最长可持续30分钟！

除了这种止血机制，血小板也聚集在一起并释放它们的化学物质（酶），在损伤发生后30秒内开始形成血凝块，在几分钟内结成一种由细胞和血凝块组成的团（或栓），以防止进一步失血。血小板含有像肌肉一样会收缩的微丝，从而使血凝块收缩，帮助伤口边缘愈合。

血液从通常的液态迅速转变为不溶性纤维状、凝胶状的红色血块（因为血块会困住红细胞）。

血凝块可以止血，并对任何入侵的病原体起到物理屏障的作用。如果损伤的是小血管，这些机制就足以阻止失血了；但如果涉及较大的血管，出现了大量失血，单靠这些机制是不够的，需要及时寻求医疗帮助进行止血，防止重大、危险的失血。

凝血

凝血是一种被称为"凝血连锁反应"的复杂过程。这种连锁反应是各种酶相互作用的一个增殖过程。一种非活性酶的转化产生了一种活性酶，后者又激活另一种非活性酶，像这样不断进行下去，并且数量也会随着步骤不断增加。许多凝血因子来自血浆和血小板。

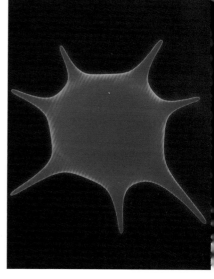

↑　在凝血过程早期，血小板会出现棘突和尖峰状改变。

血液学

针对血液的研究被称为血液学。研究内容大致包括：

·血液中的细胞和非细胞成分的数量，并与正常范围作比较。
·利用染色的血液涂片，研究细胞成分的形状和大小。一个完整的血细胞计数包括红细胞（RBCs）、白细胞（WBCs）、血小板、其他类型白细胞的计数和血红蛋白值的预估数，这些数据可以用于筛选贫血（血液携氧能力不足，以及各种感染和凝血障碍）。

血液的秘密

·成年人的平均血液循环量——男性为 5 升，女性为 4 升。
·你的血液总量约占体重的 8%。
·在一份血液样本中，血浆与红细胞分别占 55% 和 44%。剩下的 1% 由白细胞和血小板组成。
·在你的血液循环中约有 2.8 万亿个红细胞，每秒钟会产生大约 200 万个新的红细胞。
·每微升血液通常含有 15 万—35 万个血小板。
·白细胞的寿命范围很广，从短短几小时到长达数年不等。血小板的寿命则为 9—12 天。

↑ 红细胞凝块被困在蛋白纤维网中。纤维收缩将
   血细胞拉得更紧，使凝块变硬。

造血细胞

胎儿造血主要在肝脏和脾脏中进行。当胎儿长大并需要更多的血液时，骨髓就会接管所有的造血功能。

婴儿出生时，所有骨髓都是积极造血的，称为红色活跃骨髓。尽管它负责制造所有类型的血细胞，但大量的红细胞使它呈现出红色。随着婴儿长大，四肢长骨中活跃的红骨髓为不活跃的、脂肪丰富的黄色骨髓所取代。年轻人身上的活跃骨髓存在于扁骨中，例如颅骨、肋骨和骨盆。然而，当红细胞数量减少，例如严重贫血时，肝脏、脾脏和不活跃的黄色骨髓就会重新恢复制造红细胞。

干细胞

所有类型的血细胞都是由被称为"原血细胞"的干细胞制造出来的。红细胞生成过程中，未成熟的红细胞通过细胞核和核糖体控制着血红蛋白分子的产生。细胞基因提供血红蛋白编码指令，核糖体将必需的氨基酸按正确顺序排列，以合成血红蛋白。一旦红细胞充满血红蛋白，就会将细胞核和大部分细胞器排出体外，成熟的红细胞随即进入血液循环。红细胞产生的速度是由肾脏产生的促红细胞生成素控制的。如果你的血液含氧量降低，那么肾脏细胞就会制造更多的促红细胞生成素。

骨髓还具有生成白细胞和血小板的造血功能。

　　　　　　　　　　　　　　　第四章　体内保护者：幕后勇士

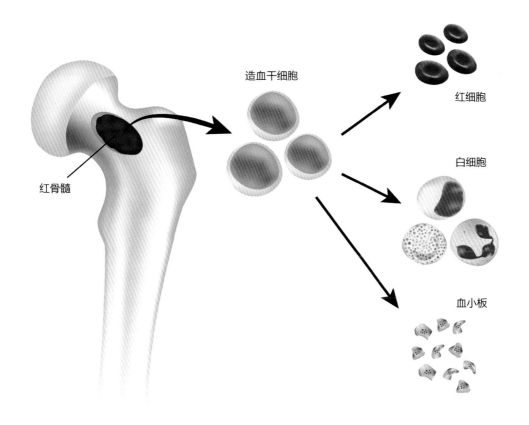

造血干细胞

红骨髓

红细胞

白细胞

血小板

血液回输

  一些运动员使用血液回输和调节促红细胞生成素来提高成绩，尤其在耐力比赛中。这种方法主要是从身体中采集血细胞，将它们储存 4—5 周，然后在比赛前几天将它们回输到血液，这样可以增加血液的携氧能力。国际奥委会禁用血液兴奋剂，因为往血液添加额外的红细胞，会增加血液黏度，给心脏增加额外负荷。

微生物是如何传播的？

  危险的微生物进入人体的途径有很多，包括：

• 人传人——例如通过血液，即皮肤表皮被破坏（例如共用针头）时的血液混合来传染；通过唾液，比如接吻或者通过咳嗽、喷嚏时的飞沫进行传染。

• 食物传染——没有充分煮熟或经过重新加热的食物，可能仍有细菌存活其中。

• 水传染——受污染的水可以传播疾病，例如霍乱。

• 昆虫传染——例如在世界上的某些地区，疟疾是由蚊子传播的。

↑ 蚊子是疟疾传播的罪魁祸首。根据世界卫生组织的数据，2015 年疟疾导致 42.9 万人死亡。

一旦这些微生物进入人体，就需要由血液和淋巴系统中的白细胞（有时被称为免疫细胞）来进行处理，防止它们播散并引发疾病。通常情况下，这些微生物引起的感染或疾病并无明显症状，因为人体循环中的白细胞及其产物（例如抗体）的正常（基础）水平，已足以对付许多异常细胞。然而，如果这些入侵者的数量超过了人体的抵御能力，那么感染或患病的迹象和症状很快就会显现，除非我们能够作出快速反应。

人体会作出反应——增加部队和武器（分别是白细胞和抗体）的数量，以击退这些入侵者。

不同的白细胞数量可能预示着侵入人体的生物体或异常细胞的具体类型，例如，中性粒细胞数量升高可能意味着细菌感染，癌症标记物升高则表明可能存在肿瘤。

骨髓活检

骨髓活检能令我们获知血细胞的生产水平、数量，以及异常细胞（比如在癌症中发现的）的情况。其过程大致为用针刺入骨骼，然后用注射器抽取骨髓样本。成人一般从胸骨处进行穿刺抽取，儿童则为胫骨处，因为这些区域的骨髓覆盖层相对较薄，更容易穿刺。

　　　　　　　　　　　　　　　第四章　体内保护者：幕后勇士

淋巴和免疫系统

　　淋巴系统是一个覆盖极广且分支众多的网络，与血液循环紧密相连，其核心功能之一就是防止组织中积聚过多的液体。

　　血液将氧气、营养物质、激素和其他物质输送到人体细胞，并带走二氧化碳等代谢产物。细胞沐浴在组织（间质）液体中——这些液体充当着血液和细胞之间的纽带。多余的组织液会回到循环系统，因此淋巴系统对维持所有体液的平衡非常重要。

　　淋巴结肿大是过滤活动受损的迹象，也可能是感染导致的，因为淋巴系统具有免疫防御功能，会过滤并破坏包括抗原在内的各种潜在的环境风险。淋巴管一端是封闭的，有一个特殊的瓣膜状连接，允许淋巴进入血管，但不会流回组织液。

　　淋巴管将淋巴液（例如组织液）排入更大的血管中。淋巴管拥有促进单向流动的特殊瓣膜，就像静脉瓣膜一样，所以淋巴液只能回流到血液中。人体运动时的骨骼肌收缩挤压淋巴管，从而达到按摩淋巴的效果。

　　大淋巴管壁上平滑肌细胞的有节奏收缩，也会不断推动液体进入两条大的淋巴管，直至将淋巴排入颈部的血管中。

淋巴结

　　从淋巴管的起点到位于颈部血管的终点之间，淋巴管会分裂形成输入淋巴管，与椭圆形的、有被膜包裹的淋巴结相连。淋巴结有的单独存在，也有沿着淋巴系统呈链状排列

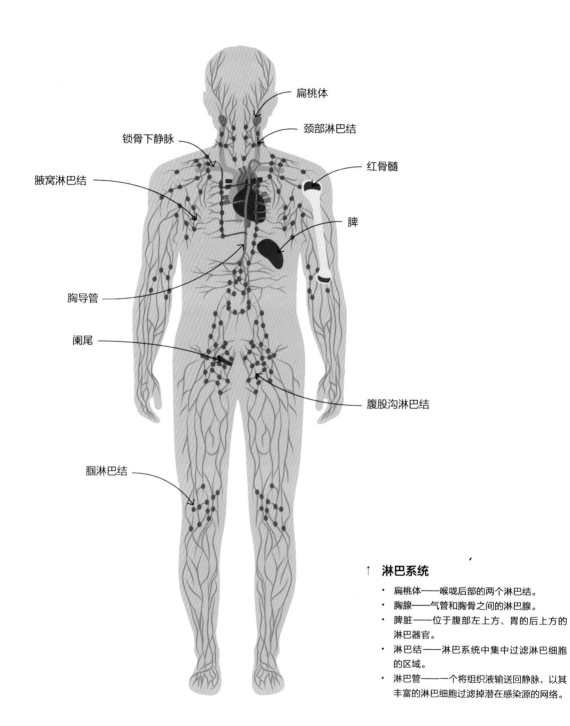

扁桃体

颈部淋巴结

锁骨下静脉

红骨髓

腋窝淋巴结

脾

胸导管

阑尾

腹股沟淋巴结

腘淋巴结

↑ **淋巴系统**

- 扁桃体——喉咙后部的两个淋巴结。
- 胸腺——气管和胸骨之间的淋巴腺。
- 脾脏——位于腹部左上方、胃的后上方的淋巴器官。
- 淋巴结——淋巴系统中集中过滤淋巴细胞的区域。
- 淋巴管——一个将组织液输送回静脉，以其丰富的淋巴细胞过滤掉潜在感染源的网络。

第四章 体内保护者：幕后勇士

，还有随机存在的（例如呼吸黏膜中的淋巴结）。
们也可以以不同组别的形式存在于特定部位，例
扁桃体。每个淋巴结都有向内延伸的被膜，许多
噬细胞和淋巴细胞集中于被膜内部。任何存在于
巴中的抗原物质都会被淋巴结的筛选行动过滤掉，
后会立即遭到巨噬细胞和淋巴细胞的攻击和破坏。
过过滤的淋巴液经由输出淋巴管流入颈部的两条
巴管。

淋巴结在淋巴系统中起过滤
作用——在抗原淋巴回流入
血液前将其清除掉。

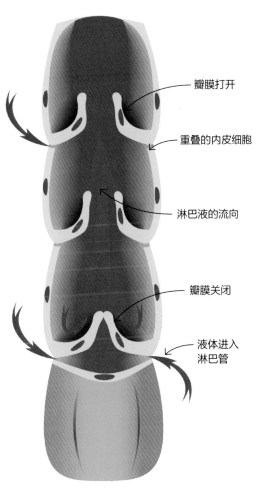

瓣膜打开

重叠的内皮细胞

淋巴液的流向

瓣膜关闭

液体进入
淋巴管

↑ 淋巴管中的瓣膜阻止淋巴液
回流到身体的间质液。

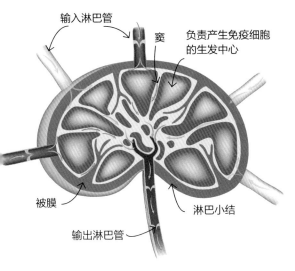

输入淋巴管

窦

负责产生免疫细胞
的生发中心

被膜

淋巴小结

输出淋巴管

脾

脾脏就像一个大淋巴结,因为它拥有大量的巨噬细胞和淋巴细胞。这个器官在腹部的左上方,位于胃和膈之间,内有血管和神经,与人体其他部位相连。它有一个输出淋巴管,但没有输入淋巴管,因此可以过滤动脉血中的抗原,但不会受到淋巴系统的感染。脾脏同时还负责清除临近死亡的红细胞。

脾脏将血红蛋白分解后的产物释放到血液中,这些产物将被带到肝脏和骨髓,在那里循环成新的红细胞。白细胞、血小板和微生物的清除分解也是在脾脏中进行的。另外,脾脏还是一个血液储藏库,如果人体严重失血,它会根据需要释放血液,从而维持体液的成分。

胸腺

胸腺是淋巴系统的主要器官,位于胸腔上部、心脏上方、胸骨后方。刚出生的婴儿胸腺很大,并且一直到青春期之前都会保持缓慢增长。进入青春期之后,它的尺寸却开始变小;在中年时,其会重新变回刚出生时的大小。胸腺在人的整个生命过程中会持续发挥作用,但在体积缩小后,其淋巴细胞对抗原的反应能力会下降。胸腺主要负责制造 T 细胞。骨髓中的 T 淋巴干细胞分化为 T 淋巴细胞后,大部分进入胸腺,在那里经历细胞分裂(有丝分裂),变为成熟的 T 淋巴细胞。之后或进入全身血液,被输送到淋巴组织,或留在胸腺中,继续分裂增殖。

派伊尔结

肠道是人体易遭受抗原侵袭的部位之一。这些抗原可能存在于食物中,随之进入人体。为了抵消这种影响并保护身

↑ **人没有脾脏能活吗?**

因为脾脏整体十分柔软,因此当出现创伤性伤(例如肋骨骨折)时,往往会导致脾脏破裂脾脏的任何破裂和损伤都会导致严重出血,至休克(血压突然下降)。在确诊后,可以过输血稳定病情。为了防止病人因出血而死亡还可能进行脾脏切除手术。一旦出血得到控制病人很快就会康复。脾脏缺失或功能丧失,味着患者更容易受到微生物感染,因此建议患者进行特殊的免疫规划。

人没有脾脏也可以存活,因为身体的其他部(比如骨髓和肝脏)也能制造血细胞(尤其是细胞),可以代替其发挥功能。还有大量的他淋巴组织可以代替脾脏之前的功能,执行疫活动。

第四章　体内保护者:幕后勇

体，肠道壁上布满了免疫细胞淋巴组织。这些组织也聚集在扁桃体、腺样体和阑尾中。此外，还有派伊尔结这种淋巴结节。它主要位于小肠，但在大肠的某些部分也有分布。这些淋巴结节呈椭圆形或圆形，对我们所吃食物中含有的病原体及有毒的化学物质能够起到防御作用。

它们还能抵御从口腔和肛管侵入的病原体。这些淋巴结节能够直接在肠道内检测出病原体，例如与该区域密切相关的沙门氏菌。这些细胞会触发与免疫相关的一系列复杂的细胞反应和化学反应，以消灭入侵者和相关的有害化学物质。由于某种原因，这种淋巴结节在年轻人身上数量更多，而且会随着年龄的增长而不断衰减。医生也不知道衰减的原因，不过，这可能是老年人更容易发生肠道感染的原因之一吧！

在小肠壁上发现的派伊尔结（红色圈状）。人类肠道中大约有100个这样的淋巴结节。

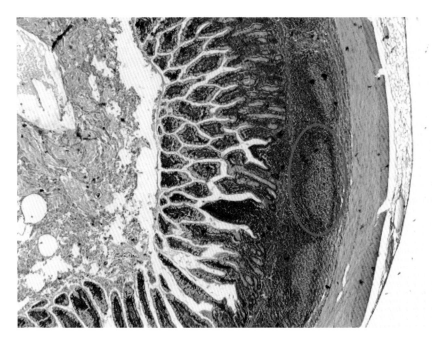

疾病传播机制

淋巴毛细血管从组织中抽取出液体，其中可能包含病原体和肿瘤细胞。如果这些细胞没有被免疫细胞破坏，它们可能在遇到的第一个淋巴结内定居并繁殖，制造局部感染，例如扁桃体炎，甚至演变成肿瘤。

这些细胞也可能在增殖之后，通过身体的运输系统扩散到其他淋巴结、血液或身体的其他部位。因此，每个新的感染部位或继发性（转移性）肿瘤都会通过相同的途径导致进一步的感染或癌症。这些疾病会在其他地方引起感染或引发肿瘤，例如腺热或胸腺瘤（胸腺癌）。乳腺癌往往表现出淋巴播散的迹象，感染和肿瘤可导致淋巴结和淋巴器官肿大。

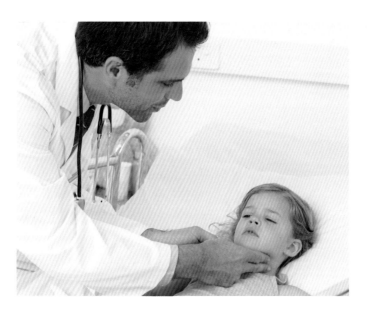

← 颈部或腺体的淋巴结只有在被微生物感染后才会肿胀、疼痛。

第四章　体内保护者：幕后勇

↑ 感染时，你身体的免疫
　细胞会增殖并积极行动。

当你喉咙痛或感冒时，颈部淋巴结会因感染而扩大。大多数人常说他们的"淋巴结肿大"，其实淋巴结不是腺体，因为它们不分泌分泌物。腺体"肿大"是因为淋巴结在积极制造淋巴细胞，与抗原作战。

保护身体

你身体的免疫系统是由流动的白细胞大军组成的，它们在你的身体里巡逻，保护你免受感染和疾病的侵袭。这支武装部队已经准备好识别、摧毁并杀死你体内异常的有机体和物质（抗原攻击）。它们包括：

· 称为"病原体"的致病微生物，例如细菌、病毒和真菌。

· 由病原体释放的有毒物质，例如细菌毒素。

· 往往会产生异常蛋白质的、受感染或患病的细胞（例如癌细胞）。

· 移植组织，例如血型不匹配的输血。

· 环境污染物，例如汽车尾气。

· 异物，例如木片和弹片。

主要防御力量

人体有两道主要防线。第一道防线被称为非特异性免疫

↓ 这张像素粗糙的照片显示的是 1918 年的流□病毒，它是有史以来最致命的传染病。它□染了大约 5 亿人，造成 5000 万至 1 亿人死亡□

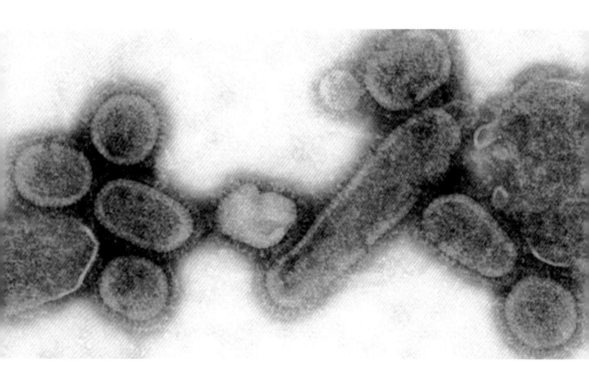

　　　　　　　　　　　　　　　　　第四章　体内保护者：幕后勇士

年轻人和老年人的免疫力

新生儿更容易受到感染和疾病的影响，因为直到特异性免疫反应发育完备之前，他们都一直暴露在环境抗原的攻击下。因为衰老过程与白细胞制造数量下降及受损数量增加有关，所以老年人更容易生病也就不足为奇了。胃液缺乏现象在老年人中也更常见，这也是他们更容易受到饮食中病原体影响的潜在原因之一。

应答，在出生时便写入了我们的基因。它可以提供一般性的保护机制，对抗各种病原体入侵。这些机制对于每个人来说都是一样的，因此有"非特异性"这一术语。这道防线包括外部的物理屏障（例如皮肤的表皮层），以及化学屏障（例如皮肤表皮层的分泌物——汗液和皮脂）。胃肠道、呼吸道，以及内部（身体）反应——包括吞噬反应，时刻戒备着微生物及其有害物质——都是这道防线的组成部分。

第二道防线即获得性免疫应答，是在你身体中的流动大军（白细胞）遇到抗原攻击时产生的。

在人的一生中，这种免疫能力发展缓慢。它会形成记忆细胞，以识别外来的蛋白质。休眠（不活动）的记忆细胞在你的身体中巡逻，只有再次遭遇抗原攻击时才会被激活。负责获得性免疫反应的人体系统是淋巴系统，因为它关系着两种类型的白细胞之间的相互作用——产生抗体的 B 淋巴细胞以及能够调节抗体和攻击外来蛋白质的其他化学物质制造的 T 淋巴细胞。

非特异性免疫和特异性免疫都致力于维持机体内环境的平衡（稳态）。

认识自己！

除了识别抗原攻击外，免疫细胞必须学会识别并保护身体的正常成分，还要识别出那些由于感染或疾病而发生变化的体细胞——这些细胞都是需要销毁的。

一个细胞的细胞膜上有许多"自我"或"身份"的标签，将这个细胞标记为整体细胞的一部分。这些"自我标记"被称为人类白细胞抗原（HLAs），由一组叫作"主要组织相容性复合体"的基因进行编码。

免疫细胞在胚胎发育的过程中就已学会识别这些标记，不会攻击这些已知是"自我"的体细胞。体细胞不断地分解

院内感染

19 世纪末，那些没有受到感染的患者，在进入医院后有大约 10% 会罹患院内感染，并且有 20% 的住院患者正遭受着院内感染的折磨。据疾病控制和预防中心的估算，当时仅在美国就有 170 万例院内感染。

在这些环境中，传染病可以通过医护人员、床单、受污染的设备和空气飞沫传播，也可以通过其他病人和访客等外部因素传播。即使在卫生方面取得了很大进步的今天，病人仍处于著名的耐甲氧西林金黄色葡萄球菌（MRSA）和梭状芽孢杆菌的威胁之下。

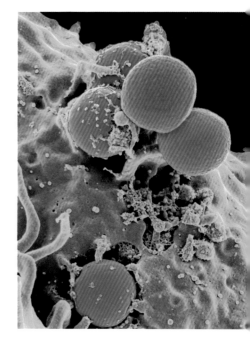

→ 这张图片展示的是一个白细胞（绿色）正在攻击紫色的 MRSA 菌。

第四章　体内保护者：幕后勇士

细胞内的蛋白质，其副产品被运送到细胞膜，并与人类白细胞抗原蛋白一起显示在细胞膜上。这样一来，每个细胞都将其内部条件的信息分享给了免疫细胞。当免疫细胞遭遇受到病毒感染的细胞或病变细胞（例如癌细胞）时，会因为它们同时带有"自我"标记（人类白细胞抗原）和外来蛋白（抗原攻击），而将它们识别为不受欢迎的细胞，攻击和破坏它们。

免疫抵御疾病

免疫法可以刺激免疫系统产生抗体。通过向血液注射抗原——包括死亡或灭活（减毒）的病原体——使机体获得免疫能力。这些抗原中含有细菌或病毒，抑或从病原体中提取的无害蛋白质（类毒素），他们保留了抗原特性，会刺激你的 B 淋巴细胞产生抗体，来抵抗注射入体内的抗原攻击。这

→ 许多国家制定全国性的疫苗接种规划，以预防某些疾病。

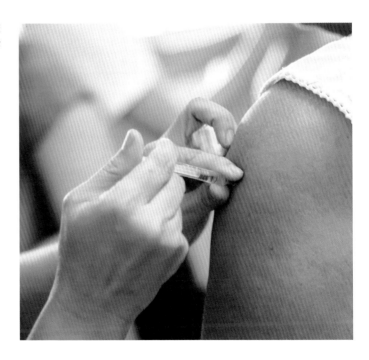

认识自己！

些抗体会形成一组 B 记忆细胞，能够对那些特定的抗原攻击作出反应。如果这种特定的病毒或细菌再次进入人体，免疫系统就能在它引发严重疾病前迅速识别并消灭它。但是这些抗体可能需要数周时间才能达到足够的保护水平。这就是所谓的主动免疫，你受到刺激，积极地生产自己的抗体，防御特定的致病抗原的攻击。

此外还有被动免疫，即从人类或动物免疫供体中提取现成的抗体作为疫苗。这种方法可以为无免疫能力的人群提供快速保护，例如接触危险传染源（例如肝炎）的医护人员。当这些外源性抗体从接受者体内自然代谢消失后，其保护水平也会慢慢下降。

↓ **如何拯救一个国家！**

1796 年，爱德华·詹纳（Edward Jenner）从牛痘水疱中提取的液体，刺激人体对天这一类似的病毒产生免疫力。现代的免疫方大大降低了许多烈性传染病的发病率，例如日咳、结核病、麻疹、白喉、霍乱、风疹、花、伤寒和脊髓灰质炎等。

这些免疫方案的成功，意味着一些疾病（例脊髓灰质炎）在许多国家已经彻底灭绝，天已在全球范围内被根除。但在其他免疫接种那么普遍的国家，情况就不一样了。海外旅如今十分流行，这也导致了一种新的风险——旅行者很可能会将疾病带回国，并传播给那对这些疾病没有免疫能力的人。

第四章　体内保护者：幕后勇士

第五章

呼吸系统

呼吸

呼吸作为一个科学术语，与人体利用氧气、通过一种叫作三磷酸腺苷（ATP）的化学物质的形式释放能量相关，ATP 可以直接作用于细胞活动。

尽管大多数 ATP 的产生都需要氧，这一产生过程也被称为"有氧"或线粒体呼吸，但仍有些 ATP 是在缺氧的细胞中产生的，这一过程也随之被称为"厌氧"或细胞呼吸。

↓ 线粒体是参与人体细胞
呼吸的关键结构。

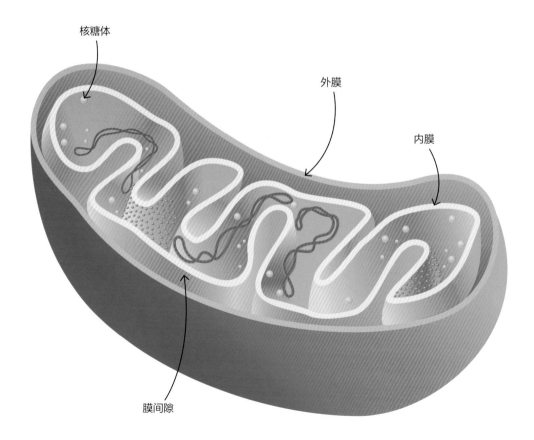

核糖体

外膜

内膜

膜间隙

单个细胞对氧的需求因其所需能量的多少而不同。例如，极度活跃的细胞（例如你的心肌细胞）每分钟消耗的氧气，是相对不活跃的皮肤细胞的 25—35 倍。因此，活跃细胞的细胞质充满了线粒体——这是"细胞的秘密动力源"。

你对氧的需求也会根据不同情况而变化，例如，当你运动时，你的骨骼肌细胞为了制造 ATP，所需的氧可能会增加 20 倍，这样 ATP 就能为肌肉的持续活动提供足够的能量。

保持平衡

因此，为保持细胞和组织内部的平衡状态，人体的首要任务便是保持充足的氧供应。

组织氧合的过程是通过以下几个步骤完成的：通过呼吸系统将从外部空气摄入的氧注入血液；通过血液循环把氧输送到组织细胞；接下来氧被从血液传递到细胞中，用于细胞呼吸，制造 ATP。在细胞中，主要的"燃料"——葡萄糖——的氧化，会产生 ATP、二氧化碳和水，它们在决定细胞、组织液和血液中液体的"酸性"程度上起着关键作用。

如果你制造了过多的二氧化碳和水，可能会导致一种叫作"酸中毒"的潜在危险。在这种情况下，酶的活性和你的健康都可能受到损害。为了消除这种风险，多余的二氧化碳会通过肺部从体内排出。

因此，肺活动可以概括为氧和二氧化碳的交换，而呼吸的控制与身体的需求有关。通过呼吸系统从细胞、血液和身体中除去二氧化碳的过程，与上文的氧合过程恰好相反。

气管和呼吸

呼吸道由各种通道组成，它们将空气输送到肺部的气体交换表面，又将废气从那里带走。呼吸道可以分为两个主要部分——上呼吸道和下呼吸道。

上呼吸道由鼻子（实际上是鼻孔）、鼻腔、鼻窦和喉咙（或咽部）组成。当空气被吸入并通过这些通道时，它被过滤、加热、保湿或加湿，而被呼出的空气则被冷却和加湿。大多数人是用鼻子呼吸的，尽管有些人用嘴呼吸——特别是当身体对氧的需求较高（例如剧烈运动）时。下呼吸道由气管、喉、两条支气管、细支气管和肺泡组成，肺泡是血液和空气之间进行气体交换的地方。

纤毛

呼吸道的内壁覆盖着一层浓密的被称为"纤毛"的致密绒毛状结构。纤毛周围是杯状细胞，可以产生黏液，防止呼吸道干燥，同时吸附灰尘颗粒以及其他我们可能吸入的微生物。纤毛有时被称为"运动纤毛"，因为它们以一种协调的方式沿着呼吸道产生一波又一波的摆动，就像狂风吹过麦田时的样子。纤毛的活动是为了将呼吸道中的黏液，以及被黏液滞留的灰尘和微生物转移到喉部和咽部，将其咽下。

一旦这些微生物进入胃部，就会被胃酸、含酶的胃液破坏，或者直接形成痰通过咳嗽从气管直接排出。香烟燃烧形成的一些化学物质会降低纤毛运动的活跃程度，研究人员认为，长年吸烟甚至可能造成呼吸道堵塞并导致"晨咳"。晨咳在吸烟者中似乎比在非吸烟者中更常见。电子烟是否会对呼吸道产生同样的影响，只有时间才能证明！

↓ 呼吸系统从鼻孔经喉咙进入肺部。

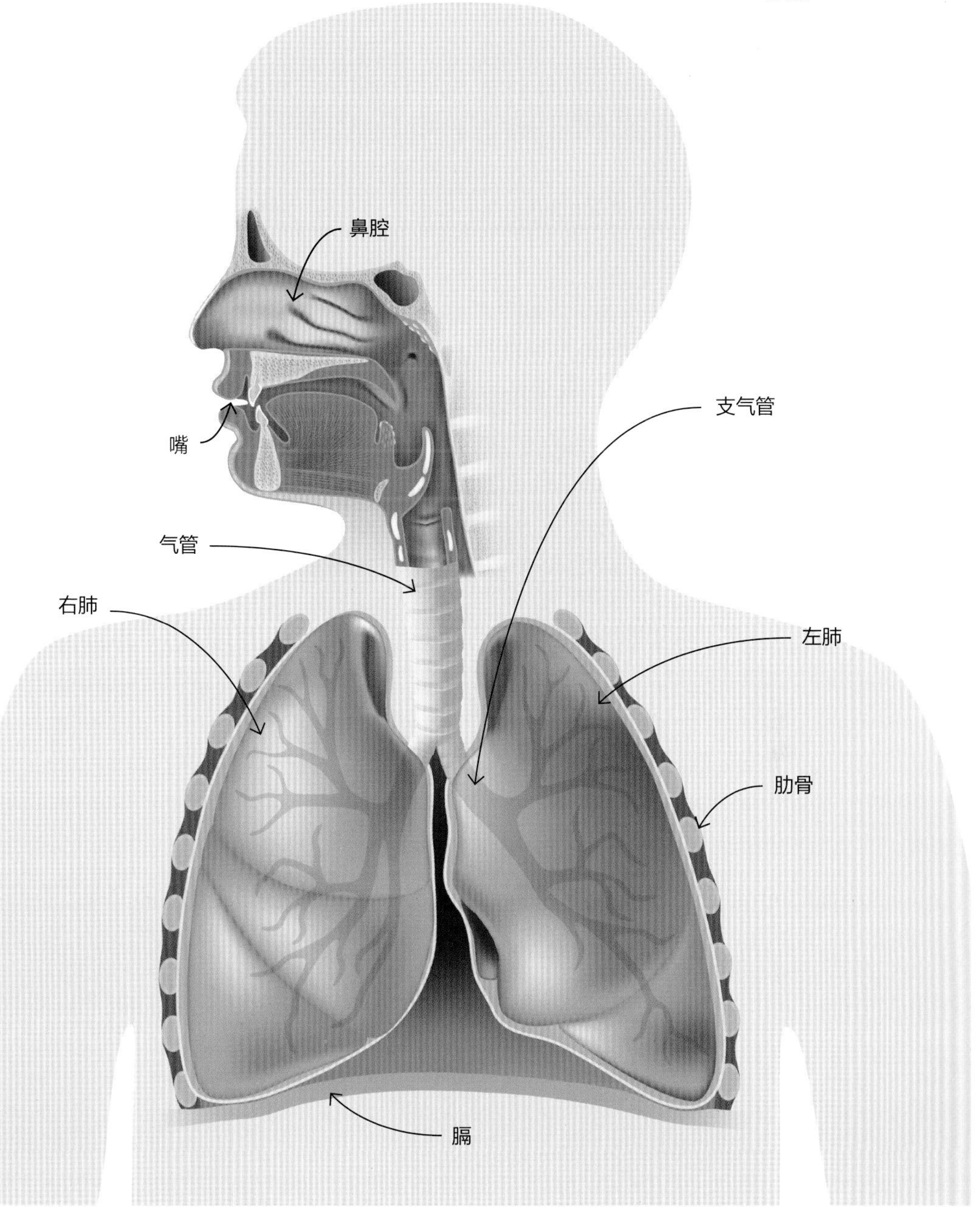

鼻腔

嘴

气管

右肺

支气管

左肺

肋骨

膈

气管和呼吸

← 纤毛就像街道清洁工一样，把你的呼吸道清理干净。

你是一个经口呼吸者吗？

经口呼吸的原因有很多，但最常见的原因就是鼻塞。如果你很难用鼻子呼吸，就只有通过嘴巴吸入寒冷干燥的空气。导致使用嘴巴呼吸的其他原因还有：可能是你的咬合有些轻微偏移；也可能是睡觉时下巴没有摆正，导致嘴无法合拢。如果是孩子，则可能是扁桃体异常（过大）导致的，也可能是先天缺陷导致的，例如鼻中隔偏曲——这会使他们更难通过鼻子呼吸。其原因甚至还可能是骨骼问题——导致人向前倾，用嘴呼吸。

无论原因如何，你都应该尽量避免用嘴呼吸，以免产生副作用——常见的一个副作用是口腔极度干燥，成为细菌的滋生地，进而导致如口臭、牙龈出血和蛀牙等问题的出现。

对于儿童来说，用嘴巴呼吸还会导致骨骼问题，因为它会促进上颌生长，并导致深覆牙合和"露龈笑"。经口呼吸者经常会在夜间醒来，因为他们无法获取足够的氧，这会对你的精力、注意力和专注力产生连锁反应，从而影响你的日常生活。天生的嘴巴呼吸者在白天可以通过给口腔补水来"避免"干燥。然而，如果整晚都经口呼吸，一夜之后口腔就会非常干燥，口腔中的软组织也会缺水。如果你是一个经口呼吸者，又不想继续这么做，那么在纠正之前，首先要查明原因。如果问题出在巨大的扁桃体上，那么可以考虑切除扁桃体。另外，睡觉时使用加湿器可以缓解口腔干燥。

第五章 呼吸系统

呼吸反射

呼吸是由大脑的呼吸中枢控制的。身体各处的感受器将感觉信息传递上去，然后由这些中枢决定是否需要改变呼吸速率来维持血液的气血平衡。

人体的感受器收集各类信息，包括呼吸气体（二氧化碳和氧）的水平、血液和脑脊液的酸碱度水平、血压的变化、肺组织的伸展量，以及其他感觉信息（例如鼻腔刺激）。这种感觉信息的输入可以对呼吸模式进行警告，使之增加或减少呼吸的频率和深度。特定的呼吸反射很重要，可以防止你的肺过度扩张，或者减少你暴露在刺激呼吸的物质（例如强烈的香水和除臭剂）中的时间。

打喷嚏

当你吸入颗粒物、闻到强烈的气味或暴露于感染中，鼻腔黏膜受到刺激时，打喷嚏可以帮助你清理上呼吸道的通路，使之保持畅通。当你打喷嚏时，会先深深吸气（"啊……啊……啊"），然后喷嚏反射会关闭声门（和眼睛），呼吸肌肉强力收缩打开声门，迫使空气通过你的鼻子和嘴，发出"啊……啾"的声音！

打喷嚏时喷出的空气会迫使刺激物离开鼻腔——伴随着大量的黏液！

健康和感染时的痰

痰是黏液和唾液的混合物，通过咳嗽从呼吸道排出。健康时，它是无色的，有一点点黏稠度。但是如果你感染了，痰的黏液部分可能就会含有脓（死去的微生物和体细胞）。痰的数量、颜色、浓度和气味因病原体的不同而不同。

例如，含有绿脓杆菌会使痰呈绿色。引起肺炎的病毒微生物只会产生少量的痰，而细菌性肺炎制造的痰更多，被视作"更多产的"疾病。呼吸中带有"梨子糖"（丙酮）的气味，暗示患者可能患有糖尿病，但是必须通过其他的临床检查来证实这一诊断。

咳嗽

当咳嗽感受器受到吸入的颗粒物或者过多的黏液刺激时，咳嗽有助于清理气管和支气管。咳嗽的过程中，先是以短暂的吸气开始，然后对着闭合的声门用力呼气，然后膈和其他呼吸肌肉用力收缩，使声门"啪"的一声突然打开，产生爆破性的气流，带着令人讨厌的刺激物排出体外。

打哈欠和打嗝

打哈欠是一种非自主呼吸反射，人类在胎儿时期就会发育出这一反射。人们相信这是由血液中二氧化碳含量升高所引发的一种无意识的举动，它能将更多的氧吸入肺部，从而提高血液中的氧含量。也有观点认为，打哈欠是为了冷却通过大脑的血液。打嗝实际上是由膈中的神经激活的，它们会引起膈在声门关闭的状态下，突然不由自主地反复收缩。

↑ 打哈欠可能是一个信号，表明你的身体细胞没有获得足够的氧供给，但科学家们也不明白为什么打哈欠会传染。

上呼吸道的秘密

· 每天通过肺部排出体外的水量有 0.5 升左右。
· 普通感冒是已知最常见的上呼吸道疾病。
· 导致普通感冒的病毒有 200 多种。
· 由感染或过敏引起的上呼吸道树状系统内膜炎症，会导致黏液分泌的增加。
· 在寒冷的天气里，呼吸系统的纤毛工作得更慢，所以你的鼻子会开始"流涕"，如果不及时用纸巾接住，那么"鼻涕"就有可能滴下来。

下呼吸道

下呼吸道中最大的气道是气管。这根气管接收来自喉部的空气，然后分成两个较小的气道——左支气管和右支气管。

每条支气管进入一个肺，在那里它像树根一样分裂成越来越小的支气管，而支气管又进一步分支成细支气管。这些小气道一次又一次地分支，直到形成末梢的细支气管。这些

在肺里，气道分成越来越小的气管，最后终止于微小的肺泡处。每个肺泡的直径约为 0.3 毫米。

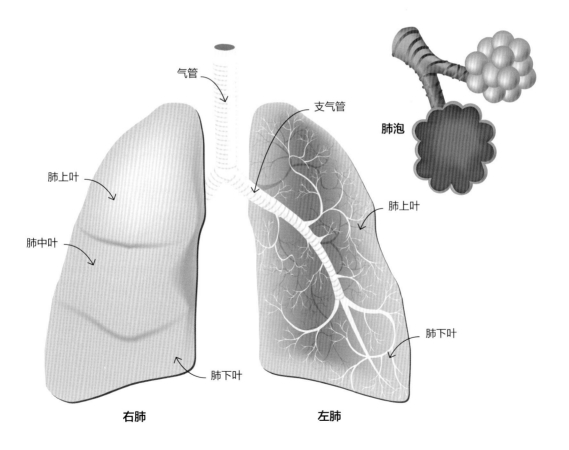

气管

支气管

肺泡

肺上叶

肺中叶

肺上叶

肺下叶

肺下叶

右肺

左肺

← 通过向最大呼气流量计左边的进气口吹气，通过使红色指示标移动，来测定呼气气流的峰值，评估哮喘的潜在影响。

细支气管通向一簇簇叫作"肺泡"的杯状小囊。肺泡上分布着极其丰富的毛细血管为其供血。肺泡呈杯状，数量庞大（两个肺中大约有 3.5 亿个肺泡），为呼吸气体的交换提供了巨大的表面积——估计总面积约为 70 平方米。

肺里的空气

在肺中，由于只有由肺泡构成的表面能够进行气体交换，其他气道（鼻腔、咽、气管、支气管和细支气管）并不参与摄取氧气并排出二氧化碳的过程，是所谓的"死腔"。然而，吸气时这些气道仍会充满空气，所以我们吸入的空气只有一部分进入了肺泡，而且在我们呼气时，肺永远不会完全排空（即使我们尽最大努力呼气），肺泡和呼吸道里充满了前一次呼吸留下的气体。因此，当我们吸气时，第一批进入肺泡的空气是残留在气道里的气体，被吸入肺泡的新鲜空气不得不与这批气体混合。

这种看起来低效的呼吸方法，实际上自有其作用，因为新吸入的空气与肺泡中原有的气体混合，意味着气体中的氧和二氧化碳只会出现轻微的增减，因此避免了血液离开肺部时气体成分出现剧烈变化。

呼吸的秘密

· 呼吸的快慢取决于你的发育年龄。在你出生时，呼吸频率是每分钟 40—45 次。进入幼儿期后，呼吸频率会降至每分钟 30 次左右，而在儿童期后期，呼吸频率会进一步降低至每分钟 20 次左右！成年后，休息时你的呼吸频率会降低至每分钟 12—15 次。

· 锻炼时，成年人每分钟呼吸 20—45 次，而顶级运动员在剧烈运动时每分钟呼吸次数可以达到 60 次左右。

· 成年人屏住呼吸的平均时间是 30—60 秒。

· 咳嗽能迫使空气以 1.5—3 米 / 秒的速度离开肺部，而打喷嚏能迫使空气以 2.7 千米 / 秒的速度离开肺部。

· 研究人员认为打喷嚏是一种双重反射，因为你无法睁着眼睛打喷嚏。

→ 自由潜水者往往试图只靠屏气潜得更深更远。丹麦的斯迪格·斯蒂佛瑞森（Stig Steverinsen）在 2010 年创下了自由潜水时长的吉尼斯世界纪录，至今仍未被打破。他单靠屏气在水下待了 22 分钟（没有使用水下呼吸器）。

下呼吸道

气体交换

我们呼吸的空气中的氧含量远远多于我们生存所需。实际上，我们呼吸的空气主要成分是氮气。大气中约含有 21% 的氧气，而你的身体只会消耗其中一小部分。

你呼出的气体中含有大约 16% 的氧（别担心，这足以在人工呼吸时提供充足的氧了）。我们吸入的空气中也含有微量的二氧化碳（约 0.04%），但我们呼出的气体中所含的二氧化碳是这个量的 100 倍（约 4%）。因为二氧化碳是呼吸的最终产物之一，它在控制体液酸碱度方面发挥着重要的作用，但我们必须在其浓度达到有毒水平之前将其清除。血液对氧的吸收和二氧化碳的排出是通过"弥散"——气体从高浓度的地方移动到低浓度的地方——来完成的，也就是说需要依靠肺泡和血液中浓度的梯度变化。

遭受攻击！

我们吸入的空气中也含有看不见的尘埃颗粒和微生物，它们会对我们的健康构成威胁。肺泡内特化的吞噬白细胞可以"消化"这些抗原威胁。这些白细胞往往含有空气中飘浮的颗粒物，例如黑色的碳颗粒，那是从肺内的肺泡表面收集到的。这些碳沉积往往多见于吸烟者和接触煤炭的人。

其他白细胞（B 淋巴细胞）可以制造抗体，这些抗体与巨噬细胞一起，使微生物难以进入血液和组织。

肺

肺是胸腔内的一对锥形器官。肺和腹腔之间被一大块叫

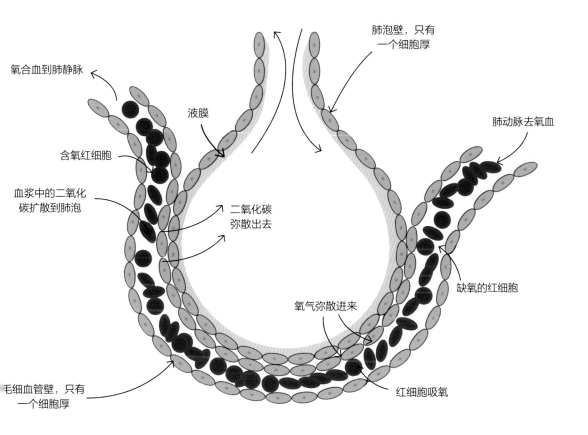

氧合血到肺静脉

肺泡壁，只有
一个细胞厚

液膜

肺动脉去氧血

含氧红细胞

血浆中的二氧化
碳扩散到肺泡

二氧化碳
弥散出去

缺氧的红细胞

氧气弥散进来

毛细血管壁，只有
一个细胞厚

红细胞吸氧

↑ 肺泡周围丰富的血液供应，确保大量的氧可以扩散至血液中，而二氧化碳的扩散路径则是相反的。空气和血液永远不会直接接触，气体必须穿过形成肺泡壁和毛细血管的细胞，才能进入血液。

作"膈"的肌肉分开。这块肌肉在肺扩张前呈穹顶状拱起，吸气时则会变平。

膈的运动对肺的扩张和收缩必不可少。肺内部的分支状气道实际上开始于鼻腔，并一直延伸到微小的、负责气体交换的肺泡。

肺由胸膜包裹，胸膜由两层构成。脏层胸膜覆盖在肺表面，壁层胸膜则附着于胸壁。

在两层膜之间，有大约 5 毫升的润滑液，使得肺部可以在吸气膨胀（或扩张）和呼气缩小时沿胸壁滑动。

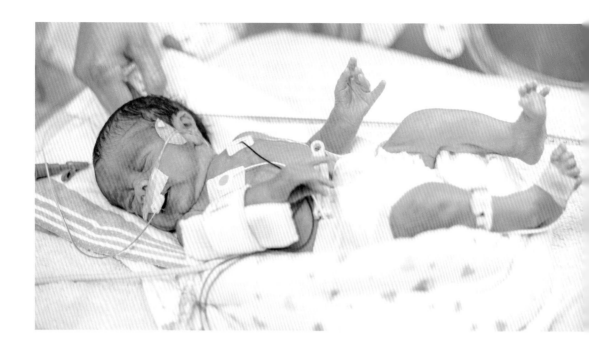

吸入

"吸入"这一术语一般用于描述吸气时物体或液体进入气道的情况。微小的颗粒通常会让你咳嗽或打喷嚏，伴随这些反射产生的强力气流通常足以把它们移走。然而，中等大小的颗粒可能会仍然留在你的气管中，甚至向下到达主支气管或次支气管。在这种情况下，它们通常会卡在右肺中。

这是由于右支气管位于心脏左侧，比左支气管更大、更垂直。

此时需要击打其上背部或进行海姆立克急救法，因为咳嗽反射很可能移动不了这么大的物体。人类通常不会吸入较大的颗粒和液体，因此一旦发生就更加危险。如果你正处于模糊的意识状态中，或者神经反射失效，例如有吸毒史或有与呼吸相关的肌肉损伤，那么这种风险就会被进一步放大。

↑ 肺表面活性物质和早产儿

肺表面活性物质由脂类和蛋白质组成，它们是由肺泡内壁的特殊细胞制造的，可以防止肺泡壁塌陷。直到大约 34 孕周时才会产生，之后数量激增。早产儿由于缺乏肺表面活性物质，可能导致肺内进行呼吸气体交换的肺泡表面积减少。因此，肺表面活性物质可以说是早产儿能否存活的主要因素。如果能更有效地扩张肺泡，就能提高存活率。

研究人员正在研发可以吸入的人工肺表面活性物质。它的化学物质将确保肺泡不会塌陷，保持扩张状态，直到婴儿自己能够制造足够的肺表面活性物质。有可能出现早产时，照顾孕妇的医护人员会使用地塞米松（一种类固醇药物），因为它可以促进肺表面活性物质的合成。

海姆立克急救法，指的是站在一个被呛住的人
身后，用你的手臂从他们的胸腔下方向上挤压
他们的膈，迫使空气离开肺部，带走阻塞肺部
的任何物体。

下呼吸道的秘密

- 喉部由软骨和韧带组成，形成"喉结"。喉结在两性
  中都存在，但在男性中更为突出。
- 性激素——睾丸激素（睾酮）——会使喉部增大，带
  来相应的低沉声音。
- 了防止塌陷，气管由16—20个C形软骨环加固。
- 肺有两个肺叶，而右肺有三个。左肺比右肺要小一些，
  因为心脏占去了空间。
- 吸道感染（简称LRTI）是一个统称，针对气管和肺分
  支的气道构成的下呼吸道系统的急性感染，其中包括
  支气管炎和肺炎。
- 有一个肺也能存活！尽管如此，你还是需要量力而行，
  并相应地调整生活方式。

较大的物体通常会被喉头阻止，不会进入肺部深处。另一方面，如果误吸入液体，它们可能会深入肺部，引起严重的炎症，例如胃酸从胃中倒流出来，被肺部误吸。

↓ 括约肌负责控制物质进入和离开胃。括约肌
能衰竭，就会导致胃中的酸性液体逆流入
道，形成胃酸反流。这种酸性液体会引起
"烧心"相关的炎症和疼痛。如果反流过多
液体甚至可能进入肺部。

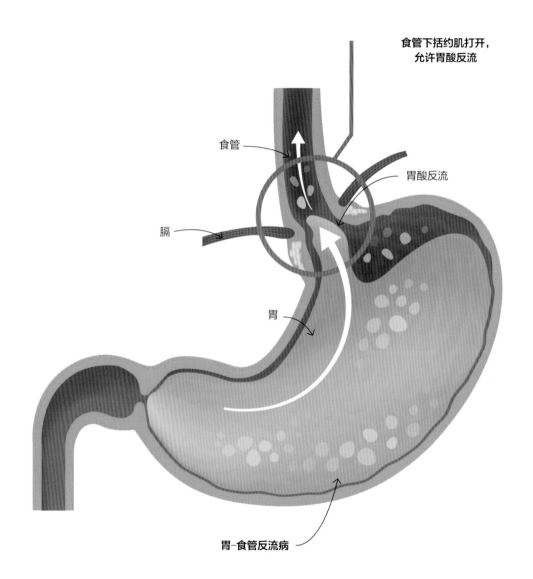

**食管下括约肌打开，
允许胃酸反流**

食管

胃酸反流

膈

胃

胃-食管反流病

第五章　呼吸系统

输送气体

　　红细胞中的红色素，即血红蛋白，使血液能够更加轻松地运输呼吸气体（特别是氧的运输）。每个红细胞中，都有 2 亿—3 亿个血红蛋白分子。

　　血红蛋白分子由以下部分组成：
　　• 四个环状的"血红素"基团，每个"血红素"基团都含有一个亚铁离子（Fe^{2+}），所以一个血红蛋白分子中含有四个铁离子，每个铁离子都可以与氧分子进行可逆结合。
　　• 一种叫作"珠蛋白"的蛋白质链。
　　氧分子与血红蛋白结合，形成鲜红色的氧合血红蛋白。这一过程发生在肺部的毛细血管中，那里有大量的氧。在到达人体细胞这一含氧浓度较低（与毛细血管血相比）的地方时，氧分子就会从血红蛋白中分离出来，扩散到人体细胞中。氧分子在进入细胞后将被用来产生能量。细胞产生能量过程中的副产品之一是二氧化碳，需要从细胞中清除出去，不能任由它们累积起来。二氧化碳的累积会使细胞酸性增加，导致细胞酶无法工作，从而产生健康问题。

　　二氧化碳通过扩散从人体细胞进入去氧的毛细血管血液中。人体中只有大约 15% 的二氧化碳是通过与血红蛋白分子的结合后由血液运输的（而 99% 的氧都是通过这种方式运输的）。二氧化碳在血液中与球状的氨基酸链结合，而非与"血红素"基团结合，血液因此呈现深红色。二氧化碳的溶解性大约是氧的 20 倍，所以很容易在含水的血浆中溶解。约 85% 的二氧化碳是以溶解的二氧化碳气体、碳酸和碳酸氢盐离子的形式，由血浆和红细胞进行运输的。

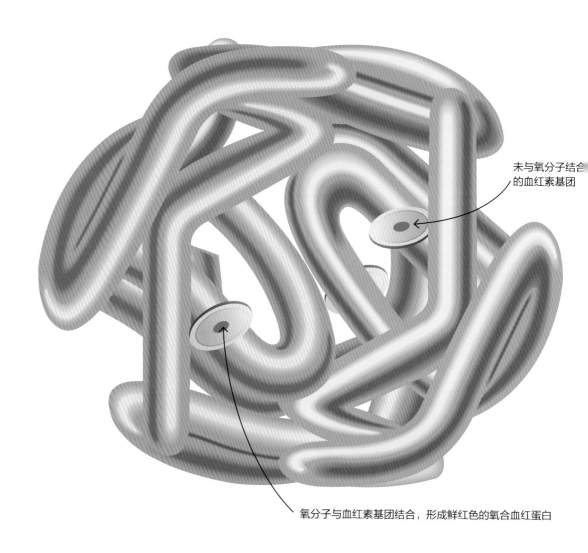

未与氧分子结合
的血红素基团

氧分子与血红素基团结合，形成鲜红色的氧合血红蛋白

↑　血红蛋白分子的计算机模型。

一氧化碳中毒

　　一氧化碳是一种无色、无味的气体，如果被吸入肺中会导致严重中毒，因为它极易与血红蛋白结合。一氧化碳与血红蛋白的结合效率远超氧气。不过，一氧化碳对氧气的替代还不是最主要的问题。一氧化碳中毒最大的问题在于，它会导致血红蛋白紧紧吸附住氧分子而不释放——即使在组织的毛细血管中也是如此，导致组织细胞缺氧，能量产出降低，细胞活动减缓，最终危及生命。

汽车排放的尾气中含有高浓度的一氧化碳。

哮喘和支气管炎

哮喘和支气管炎主要表现为气道炎症、气道分泌物过多以及支气管收缩导致气道阻力增加，血液氧合减少。哮喘是一种与支气管平滑肌的不规律收缩（支气管痉挛）有关的呼吸系统疾病，会导致呼吸短促、咳嗽和喘息。最常见的哮喘被称为外源性（特应性）哮喘，是对环境因素（例如花粉或灰尘颗粒）的过敏免疫反应。外源性哮喘主要发生在儿童身上，因为他们的呼吸道结构更容易受到阻塞性问题的影响，但也可能发生在成年人身上。

气道中最初的支气管痉挛通常很快就会自行消退，但在几个小时后可能会再次发作。

第一阶段的支气管痉挛一般是气道中的组胺导致的反应，而第二阶段的支气管痉挛则是由其他化学物质引发的，例如前列腺素等。

其他炎症也会引起气道反应，增加气道对气流的阻力。内源性哮喘可能是由压力或运动引起的，常见于成年人。支气管炎是一种炎症性呼吸道疾病，通常由感染或刺激物（例如香烟烟雾）引起，可以观察到支气管痉挛和液体分泌。

如果这种症状反复发作，可能会出现黏液分泌过多的症状。每年持续 3 个月以上、连续 2 年的多发性咳嗽（痰或黏液）则表明已发展为慢性支气管炎。慢性疾病对气道阻力尤其有着决定性的影响，因为较小的气道会被阻塞，黏液滞留会引发感染。随着时间的推移，气道壁的结构成分也会受到损坏，导致肺泡组织崩溃，出现肺气肿。肺气肿是一种严重危害健康的疾病，会导致血液和组织缺氧。

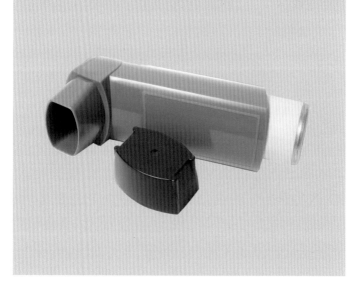

第五章　呼吸系统

神经系统

通信网络

神经系统的通信网络在维持稳态上发挥着关键作用，对你的健康和幸福至关重要。这个网络在不断受到外界环境挑战的同时，也经受着人体内部环境的挑战。

你的身体必须能够检测到内部和外部环境的变化，这样你才能作出适当的应答来实现稳态。你的神经系统与内分泌系统一起，控制和协调所有的身体系统，以保持稳态。

神经系统形成了一个由身体所有神经组织组成的通信网络，分成两个主要部分——由大脑和脊髓构成的中枢神经系统（CNS），以及遍布身体其他部分的外周神经系统（PNS），它们共同构成了一个神经网络。

外周神经系统

外周神经系统将感觉信息传送到大脑和脊髓，并将中枢神经系统发来的指令传达至身体的其他部位。中枢神经系统负责处理和解读来自身体细胞的感觉脉冲，协调传出的运动脉冲，使它们到达那些细胞中，以维持稳态。

传输到中枢神经系统的大部分信息来自感觉感受器，这些感受器遍布身体各处，从复杂的器官（例如你耳朵里的耳蜗）到你的激素"靶标"——细胞上的"单纯"细胞膜受体。简而言之，感觉感受器收集外部世界以及细胞周围的人体环境信息。它们把这些信息转换成感觉神经脉冲，由大脑来解读。这些脉冲信号通过神经传递，而神经构成了遍布人体的传导路径网络。

外周神经可以进一步分为躯体神经和自主神经。躯体神

神经遍布全身，为身体不同
部位之间的快速沟通提供了
条件。

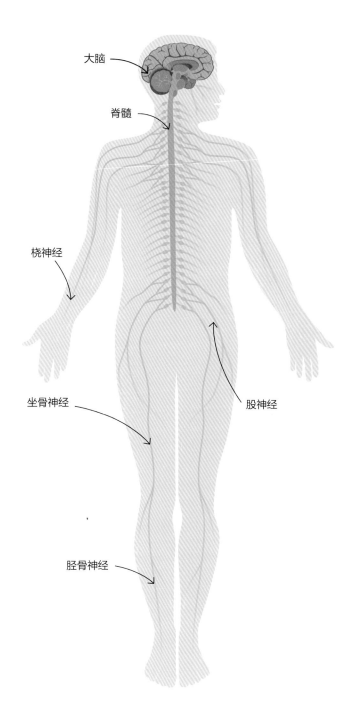

大脑

脊髓

桡神经

坐骨神经

股神经

胫骨神经

经元向全身各处的感受器传递和接收信号。它们的主要功能在于与骨骼肌以及其他随意肌有关的活动，能够引发这些肌肉的收缩。它们在协调个体的姿势和运动方面发挥着重要的作用，例如，在跑步活动中向骨骼肌传递指令，帮你保持平衡。

自主（本能）神经元可以引发自动或随意的变化。它们协调着人体大部分器官（包括血管）的活动，控制着你的呼吸和心率。外周神经与中枢神经系统相连，其中有 31 对连接于脊髓，被称为脊神经；有 12 对直接与大脑相连，被称

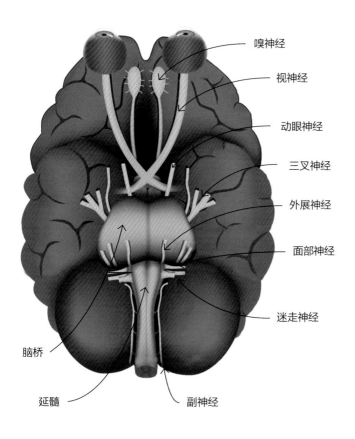

嗅神经

视神经

动眼神经

三叉神经

外展神经

面部神经

迷走神经

脑桥

延髓

副神经

← 这张图片展示了直接进入大脑的 12 对神经它们被称为"颅神经"。

第六章　神经系统

为"颅神经"。每根脊神经都含有来自躯体神经系统和自主神经系统的、接入的感觉神经纤维和传出的运动神经纤维。脊神经与脊椎骨之间的脊髓相连，为大脑的一些特定区域传递和反馈。这些神经不是单独命名的，而是根据它们相连的脊椎来命名的，例如"腰4"起于第四腰椎（下背部）。

颅神经

颅神经是根据它们的活动来命名的。例如，你的视神经负责将与视觉或视力有关的信号从眼睛传递到大脑。颅神经可能包含传入（感觉）神经元或传出（运动）神经元。感觉神经元主要负责"特定"的感觉器官——耳朵、眼睛、鼻子和嘴巴，而运动神经元主要负责各种面部肌肉和唾液腺。

有些颅神经含有运动神经元，要么是躯体的（非随意的），要么是自主的（随意的）。例如，移动眼球直肌的自主控制涉及外展神经（第六脑神经），而与喉咙蠕动相关的非自主肌肉运动涉及副神经（第十一脑神经）。其他颅神经包括控制躯体和自主功能的神经元，例如迷走神经（第十脑神经）刺激吞咽过程中的自主运动以及对心率的非随意控制。

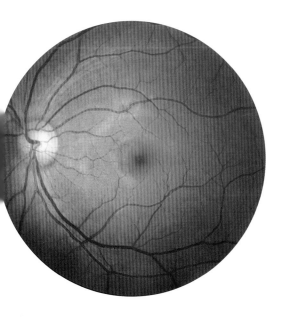

这张视网膜照片显示了视神经离开眼球（左边的黄点）接入大脑的位置。

神经和神经细胞

神经是神经元集聚形成的通路，或者说是它们组成的长队列。这些神经元长队通常被简单地称为"神经纤维"。

实际上，"神经细胞""神经元"和"神经纤维"这三个词经常可以互换使用。因此，神经可以被认为是捆绑在一起的纤维，而不是电缆里的导线。神经元主要有三种类型：

• 感觉神经元，之所以得名，是因为其所携带的信息源自感觉感受器。这些细胞从身体内外收集信息，然后从全身各处向中枢神经系统传递信号。

• 中间神经元负责充当不同神经元（例如感觉神经元和运动神经元）之间的桥梁，在它们之间传递信号。

• 运动神经元将中枢神经系统的信号传递到身体其他部

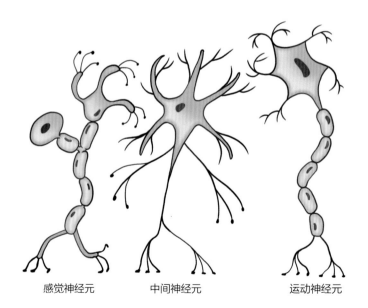

感觉神经元　　　中间神经元　　　运动神经元

- 大脑拥有超过 1000 亿个神经元。
- 中枢神经系统和视网膜中的一些神经元有树突，但没有轴突。
- 最长的感觉神经大约有一米长，从脚趾一直延伸到脊髓底部。相比之下，你大脑和脊髓中的许多神经元只有百万分之一厘米长，它们的主要功能就是向邻近的细胞发送信息。
- 你的大脑包含的神经胶质细胞比神经元多 10—50 倍，它们占据了大脑重量的一半！
- 有髓神经元就像一个超级光纤宽带供应商，因为它们传导神经脉冲的速度最快。

组织神经损伤

一条神经可能含有成千上万的神经纤维，将许多组织与大脑和脊髓连接起来。例如，桡神经（这个名字与前臂桡骨有关）包含多根神经纤维，与前臂肌肉、骨骼、关节、血管、淋巴管以及肢体皮肤相连。因此，神经损伤会影响与该神经相关的所有组织。

一些神经连接受创后有可能再生，但成功与否取决于神经纤维的断端能否重新连接起来，以及幸存的神经纤维能否与将失去神经的细胞相连。

位的组织，以控制非随意活动和随意活动。

中枢神经系统的神经元结构与外周神经系统的相似。所有的神经元都含有细胞器，例如细胞核和线粒体，但是这些细胞部分集中于一个叫作"细胞体"的膨胀部分。细胞体有许多类似纤维的突起，被称为"树突"和"轴突"，还有一些分支终端，被称为"突触末梢"。

树突

树突使得神经纤维能够与邻近的其他神经细胞传递信息。树突和轴突是纤维较长的突出部分。细胞体向胞体发送电信号，并从细胞体接收电信号。拥有突触末梢的树突是神经元与远端的其他神经纤维、肌肉或腺体细胞传递信息的地方，通过在这些细胞群落之间的微小缝隙（突触），释放一种叫作"神经递质"的化学物质，来实现信息的传递。

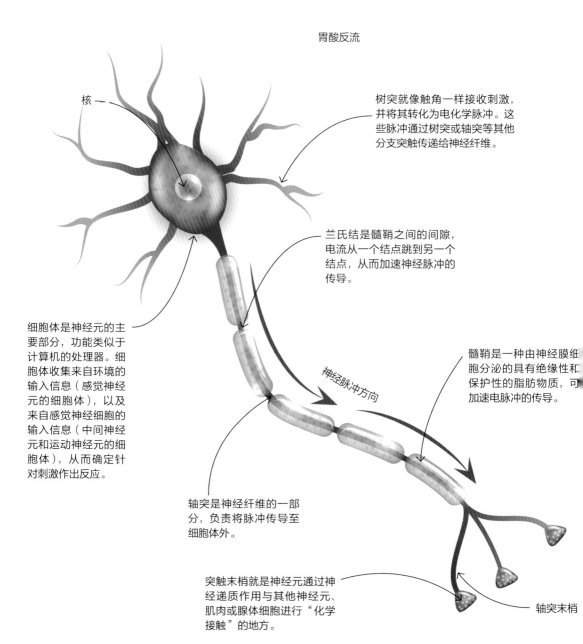

胃酸反流

核

树突就像触角一样接收刺激，并将其转化为电化学脉冲。这些脉冲通过树突或轴突等其他分支突触传递给神经纤维。

兰氏结是髓鞘之间的间隙，电流从一个结点跳到另一个结点，从而加速神经脉冲的传导。

细胞体是神经元的主要部分，功能类似于计算机的处理器。细胞体收集来自环境的输入信息（感觉神经元的细胞体），以及来自感觉神经细胞的输入信息（中间神经元和运动神经元的细胞体），从而确定针对刺激作出反应。

神经脉冲方向

髓鞘是一种由神经膜纸胞分泌的具有绝缘性和保护性的脂肪物质，可加速电脉冲的传导。

轴突是神经纤维的一部分，负责将脉冲传导至细胞体外。

突触末梢就是神经元通过神经递质作用与其他神经元、肌肉或腺体细胞进行"化学接触"的地方。

轴突末梢

↑ 典型的神经细胞传导过程（神经信号传递至其他神经细胞或身体部位）通常较为漫长。

神经纤维怎样传递信息

你的神经纤维负责产生和传递电化学脉冲，但这是如何实现的呢？

通常，连接在感觉神经元上的感受器接收环境信号或刺激。一些感受器负责监测身体中的变化，例如心率和呼吸频率的变化、血压和膀胱中尿液的压力；另一些则负责检测外界环境的变化及接收外界的信号，包括气味、声音、光线、味道、压力和温度。

然而，并不是所有的刺激都能被感知到，例如，不是所有的声音都能被人的耳朵感知。

因此，在感受器将刺激转化为电脉冲之前，刺激需要达到一定的水平（被称为"阈值"）。这种电化学电流即所谓的"去极化"，需要细胞膜中的泵参与。这些细胞会主动将带正电荷的钠离子和钾离子移进、移出。去极化波沿着神经纤维传导，直至到达突触末梢，触发其释放储存的神经递质。

神经递质

神经递质穿过神经元之间的突触间隙，与传递链上相邻的神经元（即"突触后神经元"）细胞膜上的感受器相互作用。刺激达到一定水平，就会产生电化学脉冲，将一股去极化波沿着神经纤维传递。希望你能由此明白为什么脉冲被称为电化学活动，而不是像很多书中所称的电活动！

这是因为——打个比方——如果我们切断了电视机的电源线，那么我们就一张图片也看不到了，因为电流无法传至

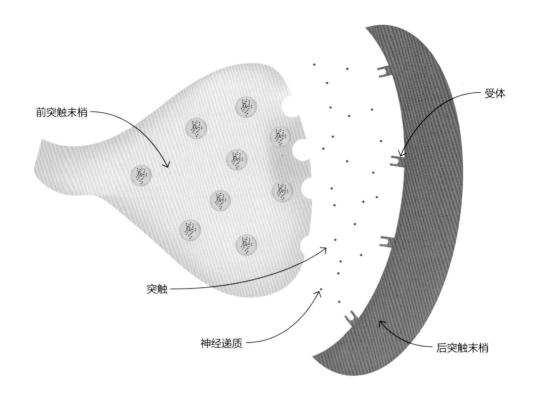

前突触末梢

受体

突触

神经递质

后突触末梢

电视。身体也一样，电脉冲不能跨越神经元之间的间隙，所以突触是通过化学神经递质传递信息的。

这些化学物质在细胞体中合成，沿着轴突传输到突触末梢，并储存在那里，直到需要传递脉冲时再释放出去。神经递质被迅速释放到突触间隙中，之后要么被带回产生神经递质的神经元回收，要么直接在突触间隙中被分解，以使突触间隙作好准备，应对收到的下一个电信号。

神经递质在传递信息时会有约 0.5 毫秒的延迟，这是电脉冲到达突触末梢，并触发传递链中下一个神经元的响应所需耗费的时间。这种突触神经递质延迟意味着信号传递经过的突触越多，所耗费的时间也就越长。

↑ 在突触间弥散，并附着在其他神经细胞的相应受体上。

神经细胞上的乙酰胆碱受体接收神经递质传递的信号。

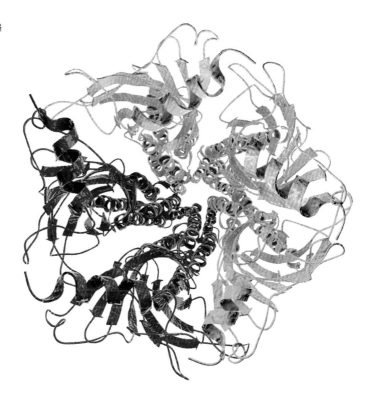

神经与肌肉的连接

　　神经肌肉接点是一种化学突触，由运动神经元在肌肉纤维上的接触点组成。正是在神经肌肉突触处，运动神经元将信号传递给肌肉纤维，控制肌肉收缩。运动神经元与腺体细胞（例如唾液腺和汗腺）之间也有这样的突触。运动神经元通过这个突触向腺体传递信号，令其释放分泌物。

中枢神经系统的结构

大脑和脊髓中的神经元与外周神经元相似，它们的细胞体同样拥有树突、轴突和分支末梢，同样由突触向其他细胞发送信号。

你的大脑中拥有大约 1000 亿个神经元，因此潜藏着难以想象的广大"回路"！由于大脑结构的复杂性，想阐明其各个部分那些数不清的活动，最佳方法就是通过一系列的插图来讲解。所以本章的这个部分将聚焦大脑的外部和内部视图。大脑可分为四个主要区域：大脑、小脑、间脑和脑干。

↓ 大脑表面有复杂的褶皱（脑回）、小沟槽（脑沟）和更深的沟槽（沟裂），它们使大脑的表面积增加到约 0.2 平方米。

顶叶是我们感知触碰和疼痛的地方，还负责处理我们的肢体在空间中的位置信息（本体觉）以及感受味觉。

额叶是你的人格所在，与语言、情感、思想以及需要技巧的活动、判断和社会行为等息息相关。

枕叶是你解读和生成视觉图像，以及识别不同颜色的部位。它们还与听觉有关。

颞叶是你理解和识别不同声音的部位。

小脑

脑桥

延髓

脊髓

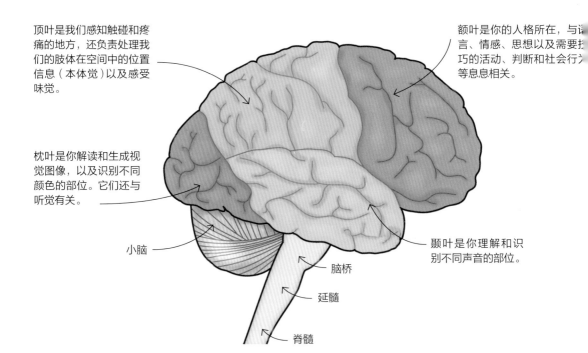

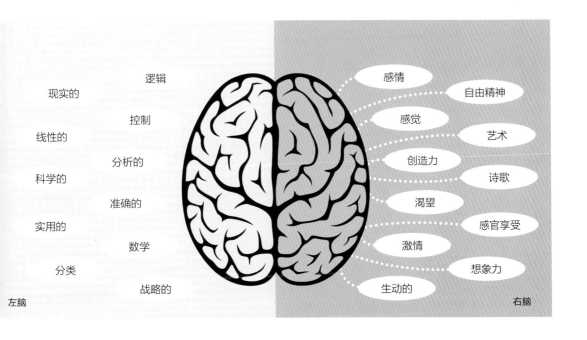

逻辑
现实的
控制
线性的
分析的
科学的
准确的
实用的
数学
分类
战略的
左脑

感情
自由精神
感觉
艺术
创造力
诗歌
渴望
感官享受
激情
想象力
生动的
右脑

大脑的每个半球都与某些特征和能力有关。

大脑

大脑是脑部最大的部分，分为四个脑叶——额叶、顶叶、枕叶和颞叶。每个脑叶都有一些与特定活动相关的独特区域。大脑从中间分裂为两个半球，被称为"大脑半球"，两个半球间通过胼胝体彼此交流。

大脑半球的外层部分，即大脑皮层，拥有分层排列的神经细胞体。这里是大脑解读感觉，发起运动，执行与思考、说话、写作、计算、创造、计划和组织相关的进程的部位。

小脑

小脑是位于大脑其余部分下后方的一大块组织。它的基本结构与大脑类似，因此常被称为"小大脑"。

它有一个由"灰质"组成的皮层，与一组被称为"小脑核"的皮质下结构相连。小脑核即我们所熟知的"基底核"，包括丘脑、壳核和尾状核。这些核参与控制复杂的运动，如走路和跑步。小脑的内囊是一个有髓轴突（白质）的扇形集合，它将大脑皮层和脑干、脊髓连起来。

它可以传输信息，控制上肢和下肢的运动。小脑接收来自眼睛、耳朵前庭器官，以及遍布人体的感受器的感觉信息。

小脑也会向中脑发送信号，对运动过程中的肌肉收缩活动进行微调。因此，小脑能够帮助你协调运动，特别是流畅和精细的运动，比如那些与书写和体育运动相关的运动。

沿脑干向下

间脑是脑最小的部分，位于大脑下方，脑干的顶端。间脑内有两个关键的脑结构：丘脑和下丘脑。丘脑就像一个中转站，负责接收来自感官的神经脉冲，把它们传送到大脑的适当部位等待处理。下丘脑有许多重要的功能，包括调节体温，处理饥饿和口渴等感觉。下丘脑也是内分泌系统和神经系统之间的纽带，同时还控制着垂体激素的释放。

脑干位于脊髓的顶端，负责调节对生命至关重要的人体自主活动，如控制心率、呼吸频率和深度、血压以及睡眠周期。它对于吞咽和呕吐反射也同样重要。

脑膜

　　整个大脑和脊髓被三层膜覆盖和保护着，这三层膜统称为脑膜。脑膜从大脑的表层向下延伸到颅底的开口，直抵第二骶椎。

　　硬脑膜是一个主要由胶原蛋白构成的、厚而坚韧的保护和支撑层，由两层构成——附在颅骨上的外层和被称为"脑膜层"的内层。脑膜层在经过大脑和脊髓之间时也没有中断，形成向内折叠的膜，延伸到大脑更大的凹陷处，起到支撑作用。

脑膜环绕并保护大脑，甚至深入大脑两半球之间。

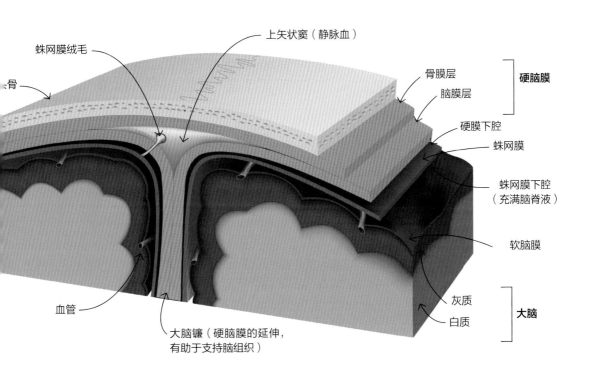

蛛网膜绒毛

上矢状窦（静脉血）

骨

骨膜层

脑膜层

硬脑膜

硬膜下腔

蛛网膜

蛛网膜下腔（充满脑脊液）

软脑膜

血管

大脑镰（硬脑膜的延伸，有助于支持脑组织）

灰质

白质

大脑

最大的凹陷向下延伸，在两个脑半球之间运行。两层之间被称为"静脉窦"的区域将从大脑流出的血液回流至颈部的静脉。

中间蛛网膜

这是一层薄薄的、精致的透明膜，形成一个疏松的层，为大脑和脊髓提供缓冲。一个狭窄的空间——即硬膜下腔——将这层脑膜和上方的硬脑膜分开。蛛网膜在一些地方穿透硬脑膜延伸入血窦。这些穿透物就是蛛网膜绒毛（绒毛＝指状突起），将脑脊液重新吸收回血液中。一个更大的空

脑膜炎

这是一种由细菌、病毒、真菌和寄生虫等感染因子或微生物毒素引发的脑膜炎症。痛觉感受器存在于脑膜中，严重头痛是这种感染的常见特征。颅神经和脊髓神经受到刺激可导致例如颈部强直、耳鸣和头部后仰等相关症状。在这种炎症反应中，脑膜血管的渗透性增加，如果它们分泌的液体过多，会导致颅内压升高，也可能导致上述症状。

大脑的秘密

· 据估计，大脑中每个神经元可能与 1 万—1.1 万个其他神经元直接相连。

· 超过 85% 的神经细胞集中在大脑半球的外侧——即所谓的"灰质"中。

· 有趣的是，右半球皮层接收的大部分感觉信息来自身体的左半部分，而左半球接收的信息则来自人体右半部分。所以如果你的惯用手是右手，你的主优势半球位于左侧；而如果你是左撇子，你的主优势半球位于右侧。但是有些心理学家认为，某个优势半球的说法只是无稽之谈。

· 大脑的脑叶是以位于它们上方的头骨命名的。

· 你的脑组织含有大量的神经组织，但它本身无法感知疼痛。

成年人的大脑重约 1.5 千克。

间——即蛛网膜下腔——将蛛网膜与下方的软脑膜分开，其中含有脊髓液，浸润着大脑和脊髓。

内部软脑膜

这层精细的膜覆盖了大脑和脊髓的实际表面，沿着皮质的轮廓而行。软脑膜中含有丰富的血管，为下方的神经组织供血。它还分隔出脑室（空间或腔体），并形成脉络丛——分泌脑脊液的膜。

大脑的内部

　　由神经细胞的细胞体组成的大脑灰质之下，是大脑的"白质"。从大脑内部的切片显示，大脑白质由轴突组成，轴突由胶质细胞形成的髓鞘包裹，外观呈现为白色。

　　很大一部分白质连接着大脑半球的不同部分，以及大脑的其他部分。在大脑内部，也有被称为"脑室"的充满液体的空间（在英文中，"脑室"与"心室"同为"ventricles"，注意不要混淆）。

脑脊髓液

　　这种液体是一种特殊形式的组织液，被称为脑脊液（CSF）。如前所述，它在大脑和脊髓周围循环，有助于维持精确的细胞环境（稳态），以优化中枢神经系统的活动。

　　脑脊液能够保护大脑免受机械损伤并为其提供营养。神经元由于其先天特性，特别容易受到环境变化的影响，连饮食产生的正常血糖波动也会对它们造成干扰——因为它们需要一个恒定的血糖水平。为了确保这一点，中枢神经系统在很大程度上必须与血液物理隔离。脑脊液为大脑和脊髓细胞提供恒定的浸润介质。这种液体与血液在物理上是相互隔离的，它们由分隔出较大液体空间的软脑膜细胞分泌。这样一来，可以对液体成分进行精密地调节，保护神经元免受血液成分频繁波动的影响。

　　脑室主要分为两个侧脑室以及第三、第四脑室。大部分脑脊液被分泌到侧脑室，这些侧脑室与第三脑室相连，第三脑室通过中脑导水管与第四脑室相连。脑脊液从脑室流入蛛

　　　　　　　　　　　　　　　　第六章　神经系统

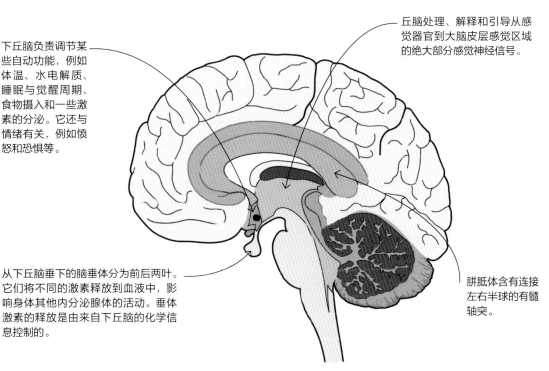

下丘脑负责调节某些自动功能，例如体温、水电解质、睡眠与觉醒周期、食物摄入和一些激素的分泌。它还与情绪有关，例如愤怒和恐惧等。

丘脑处理、解释和引导从感觉器官到大脑皮层感觉区域的绝大部分感觉神经信号。

从下丘脑垂下的脑垂体分为前后两叶。它们将不同的激素释放到血液中，影响身体其他内分泌腺体的活动。垂体激素的释放是由来自下丘脑的化学信息控制的。

胼胝体含有连接左右半球的有髓轴突。

大脑内部的主要结构。

网膜下腔，然后环绕大脑流动。一部分脑脊液会进入脊髓蛛网膜下腔，在脊髓神经元周围循环。

大脑供血

大脑动脉环也被称为"威利斯环"，它是以英国医生托马斯·威利斯的名字命名的。这个血管环包括前交通动脉、左右脑前动脉、左右颈内动脉、左右脑后动脉和左右后交通动脉。

动脉分支通过威利斯环为脑细胞提供血液供给。大脑毛细血管的壁细胞之间的微小缝隙允许氧、葡萄糖、水和溶解物质进入脑细胞，但会阻止细菌和一些药物进入。这种保护

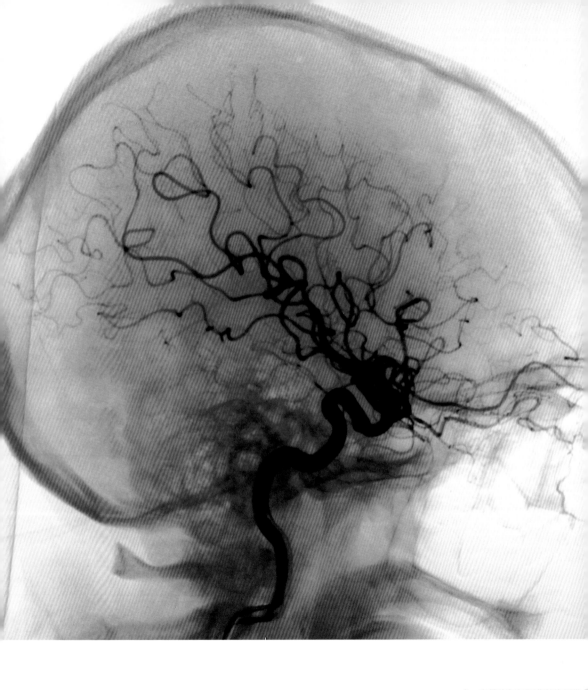

大脑血液和脑脊液的秘密:

· 成年人大脑的平均血流量约为每分钟 1000 毫升!
· 任何时候成年人大脑中循环的脑脊液的容积,总量约为 120—150 毫升。你每天会分泌大约 0.5 升的脑脊液。
· 脑脊液缺乏会影响大脑的神经活动,往往导致头痛等症状。
· 你的脑脊液通常是透明无色的。如果它变得黏稠,表明可能存在病原体,例如脑膜炎发生的情况。

机制被称为"血脑屏障"。

血液从大脑通过小静脉流出。这些小静脉连入硬脑膜内的血窦,其中最大的血窦叫作"上矢状窦"。这些血液连同分泌的脑脊液经颈部血管返回心脏。

脑血管意外

发生脑血管意外(CVA)或中风时,会导致大脑的某些部位失去血液供应,亦即失去了氧和葡萄糖的供给。

脑血栓、脑栓塞和脑出血都是 CVA 的常见原因,可能导致神经元的损失或底层神经细胞液体压力增加,从而导致大脑的某些区域出现损伤。

大脑的秘密活动

　　胼胝体将大脑的两个半球连起来，使两者间的交流成为可能，并通过贯穿身体左右两侧的神经纤维束，将大脑左右半球和其余的人体部位连起来。

　　右脑皮层接收来自左侧身体的感觉信息，发送控制左侧身体行动的运动信息；同样，大脑的左半球与右侧身体相连。你的感觉皮层包括感觉区、运动区和联合区。感觉区负

↓ 大脑皮层的不同部分负责控制和解释不同的活动。

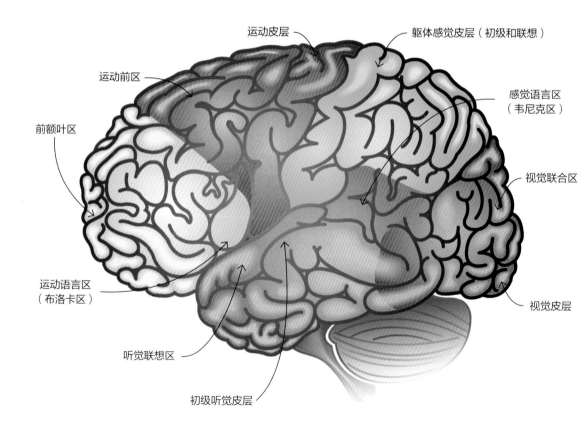

运动皮层

躯体感觉皮层（初级和联想）

运动前区

感觉语言区（韦尼克区）

前额叶区

视觉联合区

运动语言区（布洛卡区）

视觉皮层

听觉联想区

初级听觉皮层

责接收并解读来自你全身的感觉器官和其他感受器的信息；运动区负责控制你的骨骼肌运动；而联合区则负责分析从感觉区域接收到的信息，并在指令发送到运动区之前对其进行微调。联合区与思维和理解活动相关，可以分析所获得的经验，并以逻辑的方式解释，令你产生充分的认知。

运动和躯体感觉区

运动皮层负责产生自主运动，位于大脑额叶中，靠近中央前回。大脑的两个半球都有运动皮层，运动皮层的不同部位对应控制着身体的不同部位。这些部位按照一定次序分布，例如控制脚部动作的区域与控制腿部动作的区域相邻，等等。躯体感觉皮层位于中央后回，接收从皮肤感受器传来的感觉信息，包括来自身体表面所有区域的触摸、疼痛、压力和温度。

感觉皮层系统地接收来自体表各区域的信息，中央后回底部接收来自头部的信息，顶部则负责接收来自腿和脚的信息，它就像一张描绘身体表面信息的地图，只是上下颠倒了！下页图显示的是大脑中与身体各部位相关的神经元所占的空间比例。例如，手和面部肌肉都有丰富的运动神经元，以控制它们复杂的运动。嘴唇、手、脚和生殖器在感觉区域中也占据了差不多同样大的面积，与支持它们的、令它们非常敏感的大量感觉神经元相连。

视觉和听觉区

视觉区的皮层直接从眼睛接收信息，而听觉区则从耳朵接收信息。这些区域的损伤会导致失明和失聪。这些区域被分别称为"主要视觉皮层"和"主要听觉皮层"。然而，要实现完全的视觉感知，需要在邻近的皮层区域（被称为"次级视觉区"）对信息进行额外处理。正是在这些区域，感

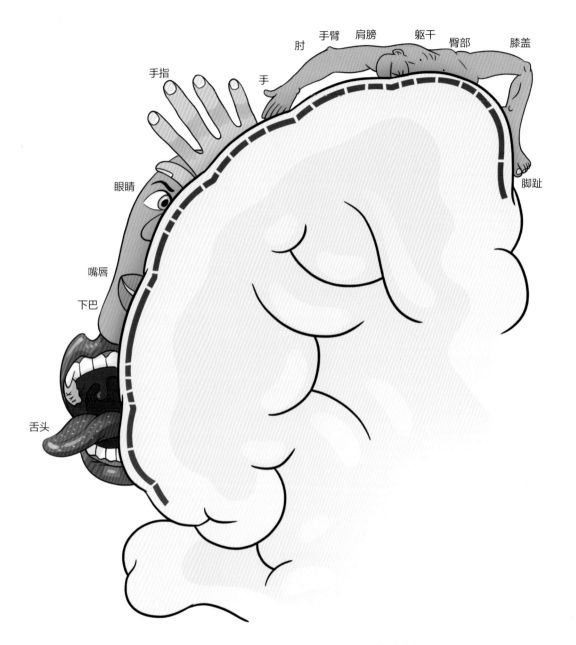

手指　眼睛　嘴唇　下巴　舌头　肘　手臂　肩膀　躯干　臀部　膝盖　手　脚趾

↑　某些身体部位比其他部位需要更多的控制，这
　　反映在它们所需的运动皮层区域的大小。
　　面积越大，对运动的控制就越好。

视觉皮层解读光色感受器发出的信号，并将它
们转换成全彩图像。

觉被转化为知觉。我们之所以知道这一点，是因为次级视觉区损伤不会导致失明，但会导致特定方面的视力丧失，例如色盲。色盲是一种丧失颜色识别能力的障碍，即患者看到的所有东西都成了黑白的。

其他具体活动（例如语言和记忆）都各有确切的区域负责。大脑中不存在单一的语言中心，因为人类有多种语言技能，比如说话、阅读、理解和写作。因此，很多大脑区域都与语言有关。例如，视觉中枢参与阅读，听觉中枢参与语言理解，运动中枢参与写作和口语。与视觉和听觉皮层不同，负责语言功能的区域只存在于大脑的左半球。较为人知的有与口语能力相关的"布洛卡区"，还有与理解能力相关的"韦尼克区"。

其他大脑活动

你大脑中的数十亿个神经元中的每一个，都与多达两万个其他神经元相互连接，使得你的躯体和大脑中能够允许电化学脉冲通过的潜在通路数量异常巨大。正是这些连接控制着大脑的高级功能，如意识、智力和情感，使人类区别于其他任何一种动物。大脑的边缘系统影响着与生存有关的潜意

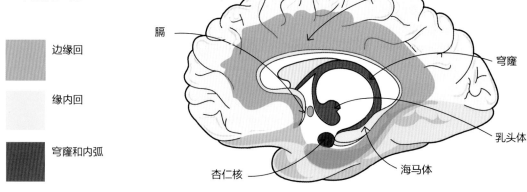

→ 边缘系统由大脑内部的几个
关键部分组成。

扣带回

膈

穹窿

边缘回

缘内回

穹窿和内弧

乳头体

杏仁核

海马体

识、先天行为以及我们的情绪。这些行为中有许多是由后天
习得的道德、社会和文化传统重塑而来的。海马体是边缘系
统的一部分，负责学习、识别新知识和记忆。边缘系统也与
嗅觉有关，这就是有些气味能激起强烈的情感和记忆的原因。

记忆、智力和情感

"智力"一词便意味着"理解"，指的是探究原因、制订
计划、解决问题、预测结果以及思考复杂概念（例如时间）等
方面的心智潜能，它还包括使用语言以及从过去的经验中进行
学习的技能。智力与大脑皮层某些区域的折叠或卷曲程度有
关，比如颞枕叶的后扣带脑回区域。所以有些人认为，如果你
的大脑在这些区域的褶皱更多，你就会更聪明。记忆是一种储
存、保留并且能在随后记起信息的能力，它使我们可以通过思
考以前成功解决类似问题的经验，学习如何解决新问题。

记忆涉及大脑许多不同的区域，例如海马体和乳头体，
它们与不同类型的记忆有关，包括短期记忆、长期记忆、空间
记忆和情绪记忆。人类能体验到的情感为数众多，例如快乐、

愤怒、恐惧、幸福、悲伤、好奇、惊讶、爱、接受、同情、焦虑和哀愁——这只是其中一小部分。情绪似乎是精神和身体反应相互作用的结果。需要再次强调的是，大脑有许多部分——尤其是下丘脑和大脑边缘系统的部分——都会参与情绪处理。

更多关于脑干的知识

脑干启动并协调许多下意识的人体活动，以确保你的身体正常工作。它位于大脑下方，起于脊髓，是来自身体各部位、进出大脑的所有神经信号的必经之处，也是联结大脑左半球神经的交汇点。脑干的主要活动区域是中脑、髓质和网状结构。

阿尔茨海默病

阿尔茨海默病会造成推理、抽象、语言和记忆等认知功能的衰退，甚至失效，常被称为"痴呆症"。其在脑结构上最明显的变化就是出现斑块和神经纤维缠结。斑块是细胞外淀粉样蛋白沉积形成的，而那些淀粉样蛋白则是某些神经元细胞质里的蛋白纤维的密集缠结。然而，斑块和缠结并不是这种疾病所特有的，因为正常老年人的大脑中也会有斑块和缠结，只是量较少。因此，探明阿尔茨海默病的病因，也有助于理解斑块是如何在衰老的大脑中形成的。

大脑皮层的秘密

· 90% 的人是右利手者，剩下 10% 是左利手或双手都用得好的人。
· 据估计，右利手者大脑左侧的神经元比右侧多 1.8 亿个；左利手者的情况则正好相反。
· 布洛卡区受损的患者通常很少说话或者说话费力，而韦尼克氏区受损的患者语言理解能力较差，常会说出几乎毫无意义的话语。
· 脑干死亡是指一个人不再具有脑干的任何功能，陷入深度昏迷并失去了呼吸能力。

脊髓

脊髓位于从枕骨大孔到第二腰椎贯穿脊柱的中空管中，它同样被包裹、保护和滋养大脑的三层脑膜包裹着。

整个脊髓由 31 节组成，每节有一对脊神经。这些节段和神经以它们相关的脊椎骨命名。然而，从第二腰椎到尾骨神经的一组脊神经，松散地悬浮在浸润中枢神经系统的脑脊液中，因为长得像一条"马尾"，被称为马尾。

人体的宽带

脊髓是一个非常复杂的神经信息高速公路，主要负责将感觉神经脉冲从身体各部位传递到大脑，并将运动神经脉冲从大脑传递到组织。因此，一般认为，脊髓的神经纤维在结构和功能上通过神经通路与大脑相连。

这一类神经纤维有三种：

· 上行通路是指神经纤维从脊髓通向大脑。

· 下行通路是指神经纤维从大脑通向脊髓。

· 中间神经元（或中继神经元）与上行和下行神经元相连。

许多上行和下行的神经元沿着脊髓的外

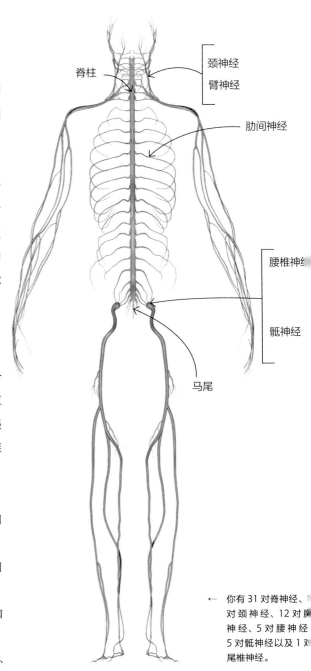

脊柱

颈神经
臂神经

肋间神经

腰椎神经

骶神经

马尾

← 你有 31 对脊神经、8
对颈神经、12 对胸
神经、5 对腰神经、
5 对骶神经以及 1 对
尾椎神经。

第六章　神经系统

围（外部）传递并有髓鞘包裹，因此呈现白色，被称为脊髓"白质"。但是，那些位于中央的神经纤维细胞体，其结构周围没有髓鞘，导致这一区域显得较暗，因此被称为脊髓"灰质"。

脊髓反射

脊髓反射是一种不需要大脑活动来启动的反应。脊髓反射的最大优点在于，其对感官刺激的反应要比大脑处理

→ 这个反射信号被直接从感受器通过脊髓传递到肌肉。

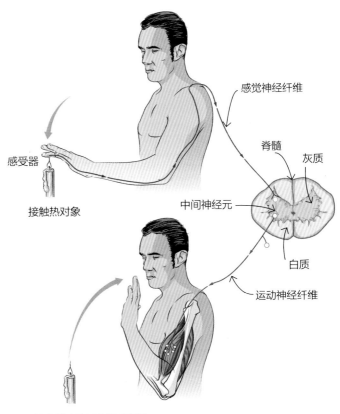

感受器

接触热对象

感觉神经纤维

脊髓

灰质

中间神经元

白质

运动神经纤维

效应器（肱二头肌）应答

的速度快得多。上页图显示的是肢体在疼痛时的退缩反射。这需要肌肉在受到刺激时收缩，将肢体从刺激中移开。例如，当你触摸一个热的物体时，它会刺激你手指上的痛觉感受器，将这种刺激转化为电化学脉冲，沿感觉神经元传到脊髓。

脊髓中的感觉神经元（通过中间神经元）直接与运动神经元相连。当运动神经元被激活时，会导致肱二头肌收缩。这是一个简单的反射弧，突触释放的神经递质是兴奋性的。

注意在这一过程中，手臂的收缩完全是由脊髓完成的，尽管有关疼痛刺激的信息会传递到大脑，大脑会作出反应，向喉头送出运动脉冲，这样你就可以"哎哟"一声说出你对疼痛刺激的反应，这被称为"二次反射"，它整合了脊柱和大脑的活动。这种简单的退缩反射的好处显而易见，因为如果你不及时缩手，可能会对其组织造成更大的损伤。

脊髓的秘密

· 脊髓"灰质"一词是不准确的，因为该组织只有在死亡后才呈现灰色——平时脊髓看上去是粉红色的。

· 脊髓是大脑的延伸，成年人的脊髓长约45厘米，重约35克，包含大约10亿个神经元。

· 脊髓在儿童时期停止生长，但那根保护着它的垂直支柱会继续生长。

· 从脊髓中延伸出的神经在到达手臂和腿部时会重新融合，形成一种叫作"神经丛"的复合体。

· 每根脊神经和脑神经会被细分为许多分支，分布在较远的身体部位。皮肤可以按照皮肤上单个脊神经的分布状况划分为不同的皮节。

　　　　　　　　　　　　　　　　　　　第六章　神经系统

特殊的感觉

　　触觉、嗅觉、视觉、味觉和听觉这些特殊的感觉，使我们能够感知外部世界并与之互动。这些"特殊"的感觉将它们的感受器组织成感觉器官——眼睛、耳朵、鼻子、舌头和皮肤。

　　视觉、听觉、嗅觉、味觉以及触觉的电活动不通过脊髓，而是通过颅神经直接进入脑组织。神经活动要么直接传递到丘脑，要么传递到大脑的其他部分，尤其是脑干和下丘脑内，然后再传递到大脑皮层。

听力

　　听觉，连同运动和平衡感，都与内耳的特殊感受器受到的刺激息息相关。"声音"是对空气（和水）中产生的小压力波的感知。振动引起空气的交替压缩和减压，并随即产生两种不同的声音特征。

　　•"音高"是衡量每秒压缩次数（或每秒循环次数）的单位，以赫兹（Hz）表示，赋予声音频率（或音调）。

　　•压缩的不同振幅产生不同"强度"（或响度），以分贝作为度量单位。例如，"沙沙作响的树叶"的分贝值为15，而"谈话"的分贝值为45。

　　耳朵非常敏感，通常可以探测到强度低至1分贝、频率在20—20000赫兹内的声音。

　　因此，听觉就是将压力波传递到感受器细胞的一连串的复杂手段。而感受器细胞在此过程中发生的扭曲，在传递与声音强度和频率有关的信息时至关重要。感知声音的大脑通路与大脑边缘系统相连，听到的声音因此可能引起强烈的情感反应，比如婴儿哭泣时父母的情感反应。

看东西

视觉是你最重要的感觉之一，它能让你看到周围的环境并作出反应。视觉与光的强度（亮度）和波长（颜色视觉）相关。你体内大约 70% 的感觉感受器都集中在眼睛。除了能在明亮的阳光下看清东西外，你在微弱的星光下也能看到东西，这就意味着眼睛所能适应的亮度上下限之比是一千万比一。光感受器细胞具有视觉色素，在吸收光线后，会发生分解，视觉色素分解后的化学成分可以激活光感受器的细胞膜，进而刺激视神经产生电化学脉冲。

嗅觉和味觉

人能够感受到气味或味道，始于化学物质与嗅觉和味觉的化学感受细胞的相互作用。这些细胞向大脑发送信号，并且不同于其他化学感受器（例如二氧化碳的化学感受器），嗅觉和味觉细胞能够对大量的化学物质作出反应。要察觉这些化学物质，需要把它们溶解在鼻腔和唾液分泌产生的水分中。这两种感觉并不像人们以为的那样是分开的。事实上，嗅觉化学感受器是味觉的一个重要方面，尽管人们常认为味觉是口腔的一个特征！

疼痛感受器（称为痛觉感受器）位于鼻腔内壁，会受到刺激性气味的刺激，比如薄荷。这些刺激经神经纤维传递后，会引发打喷嚏和分泌眼泪的反射，这同时也是一种抵御有害气体的防御机制。人体对异味的适应速度很快，例如，家用电器产生的有害气体不断积累，可能导致不必要的死亡。

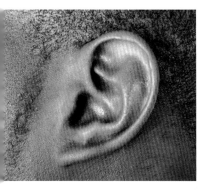

听力过程可以概括为：

压力 → 外耳 → 中耳 → 内耳 → 前庭神经 → 神经
（鼓膜）（听骨）（听觉感受器）（传输）（大脑听觉皮层处理）

外耳的皮肤和软骨形成一个漏斗，引导声压进入内耳。

视觉过程可以概括为：

光 → 光感受器 → 视神经 → 神经通路 → 解读
（视网膜）（神经传输）（丘脑）（大脑视觉皮层）

黑色瞳孔是光线进入眼球的小孔。

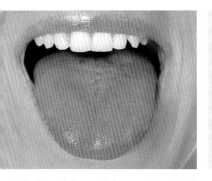

味觉的过程可以概括为：

化学品 → 味觉感受器 → 面部神经传输 → 解读
（舌头）（脑干 / 丘脑）（大脑初级感觉皮层）

味觉感受器存在于舌头表面和咽喉后部的味蕾中。

每呼吸一次，就会把不同的气味带到鼻梁顶部的嗅觉感受器。与其他感官感受器不同，嗅觉感受器直接与你的大脑相连。这些信息会被传递到边缘系统——这也是为什么气味也能像味觉一样，引起强烈的情感反应。

触觉和其他感觉

真皮内的感觉感受器接收触摸、寒冷、热和疼痛等刺激。触觉感受器遍布全身，但是皮肤的某些部位（例如手掌和脚底）有更多的感受器，所以对痒更敏感。其他感觉还有平衡觉、本体觉（对身体不同部位在空间中的位置和相对位置的意识）以及运动感觉（关节运动）。

嗅觉过程可以概括为：

化学物质 → 嗅觉感受器 → 嗅觉神经传输 → 解读
　　　　　　（鼻腔）　　　　（脑干/丘脑）　（大脑主要感觉皮层）

↑　抚摸一只狗会触发触觉信号并传递到大脑。

触摸过程可以概括为：

化学物质 → 麦斯纳氏感受器 → 脊髓神经/颅神经 → 解读
　　　　　　（真皮）　　　　（脊髓、脑干/丘脑）（大脑主要感觉皮层）

第七章

内分泌系统

化学协调员

　　内分泌和神经系统的关键活动主要围绕感知身体内外变化的能力展开，并对这些变化作出反应以维持体内稳态。

　　内分泌系统和神经系统的协同工作如此之多，以至于它们常被比作负责协调其他身体系统活动的乐队指挥。神经元制造电化学信息，而内分泌系统的内分泌腺制造被称为"激素"的化学信息。

↓ 激素控制着身体的许多活动，包括睡眠周期、生长速度以及你对压力的反应。

第七章　内分泌系

秘密指令

这些信息协调身体的各种活动，包括你的生长发育、对受损细胞的修复和替换、进食控制、性细胞（精子和卵子）的制造、对压力的反应、睡眠-苏醒的周期活动以及体液平衡，甚至还控制着你的情绪波动！

为了协调这些活动，你的身体每秒都需要产生足够的信息。因此，这些消息的产生速率不能是静态的，而是必须随时根据个体需要作出应答。虽然有些组织能够对自身的某些活动施加有限的内在控制，但细胞、组织的全面调节和器官功能的整合依然需要依靠身体的这些协调系统来提供。

因此，我们需要综合考虑这两种协调系统的优点和缺点，才能更好地理解它们在人体调节活动（称为稳态）中的角色。

就像《伊索寓言》中的乌龟和兔子一样，神经和激素信号的速度也有很大的不同，神经信号的速度非常快，激素信号则相对缓慢且稳定。

两种系统比较

激素是在身体某一部分的特定内分泌细胞中产生，然后被释放或分泌，通过血液被运输到身体其他"靶"细胞上的特定的激素受体。神经细胞是从身体的一个部位延伸到另一个部位，提供直接的连接。来自神经元的激素和化学信使（被称为"神经递质"）与细胞上的受体结合，协调它们的活动。

神经递质需要跨越的距离非常短，这就是为什么神经细胞能将"信息"（即脉冲）非常快速地发送到靶细胞的原因。这意味着细胞活动可以在几秒钟内发生改变，不利之处在于必须一直维持直接连接，而神经损伤会不可逆转地中断连接，并且阻碍细胞的定向活动。相比之下，激素的产生、分泌以及将运输到靶细胞所耗费的时间要长得多，这就意味着激素的反应要慢得多——根据激素的不同，可能需要一两个小时。因此，激素在调节组织的中长期稳态活动（例如控制体液的成分或人体的生长发育方面）上，起着重要的作用。当我们的身体状态发生快速变化，例如从床上起来，或从休息状态转为运动状态时，需要对血压进行控制，此时仅靠激素活动来调节显然是不够的。

这两个协调系统并不总是独立运作，有时需要两个系统协同运作，管理同一器官的活动。例如，肠道蠕动的迅速调整需要快速的神经反应，而较慢的激素反应更适合控制肠道分泌物（尽管神经活动也可以改变这些）。

神经和激素活动的交互作用通常表现为应激反应。初始阶段是"警报"——首先激活交感神经系统，改变身体的活动，立即产生快速的恐惧、战斗及逃跑反应。伴随这种最初的神经活动的暴发，激素系统释放出肾上腺素，为神经活动提供后备力量，使警报阶段产生的身体活动得以持续进行。

　　　　　　　　　　　　　　　　　　　第七章　内分泌系统

激素

　　"激素"一词可以翻译为"我兴奋了"——这反映了激素作为改变细胞活动的化学信使的作用。它的实际定义其实更加复杂。

　　激素是化学信使，由身体某一部分的细胞产生并分泌出来。例如，甲状腺分泌出激素——甲状腺素，刺激身体加快能量的制造。释放到血液中的激素的量是随着特定刺激反应的强度而变化的，例如在我们休息时只会释放少量的甲状腺素，但是当你在锻炼或处于压力中，需要更多能量时，甲状腺素的释放量就会随之提高。激素通常作用于离分泌部位有一定距离的身体部位，例如，胰腺分泌的胰岛素作用于肝细胞、骨骼肌细胞和脂肪细胞，增加它们从血液中摄取葡萄糖的量，降低血糖水平。

激素的类型

　　激素主要有两类：

　　第一类是肽类激素，比如胰岛素、胰高血糖素和催产素，是由氨基酸构成的。它们溶于水，但脂溶性较差。还记得第一章中介绍的细胞膜主要是由脂质组成的吗？那就意味着肽类激素会绑定到靶细胞的细胞膜外表面的特定受体上，从而产生它们需要的应答。

　　第二类是类固醇激素，例如睾酮、雌性激素、皮质醇和醛固酮，与胆固醇有关。它们是改性脂质，具有很高的脂溶性，所以可以穿过细胞膜，与细胞质内的特定受体结合，产生它们需要的应答。激素受体复合物可以激活（打开）或灭活（关闭）与激素活动相关的特定基因。当一个基因被"打开"时，会制造酶以刺激细胞活动；相反，当一个基因被"关闭"后，它们便不会制造酶，也就不会激发活动。激素就是这样协调身体活动并控制稳态的。

↓ 肽类激素与靶细胞外部的受体结合。

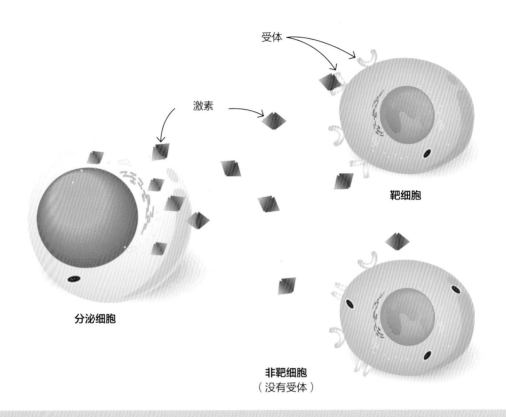

受体

激素

靶细胞

分泌细胞

非靶细胞
（没有受体）

激素命名

激素通常以它们的行为命名。例如，"促甲状腺激素"就是一种刺激甲状腺释放甲状腺素的激素。有些激素常被统称为"促激素"，它们是由脑垂体释放的。"促激素"可以刺激其他内分泌腺产生激素，所以脑垂体有时被称为"主"腺体。例如，垂体释放促肾上腺皮质激素到血液中，目标是肾上腺细胞，使它释放激素，例如皮质醇。然而，如果没有被称为"下丘脑"的腺体，垂体是无法工作的。

所以，这两个腺体是作为一个统一、协调的功能单位行动的，因为下丘脑调节垂体激素的分泌。其他内分泌腺还有松果体、甲状腺、甲状旁腺、胸腺、肾上腺、胰腺，以及女性的卵巢和男性的睾丸。胃和小肠的某些部分也会产生激素，这些激素会促使胰腺释放消化酶，胆囊释放胆汁，它们还会制造刺激肠道运动的激素，肾脏也有制造激素的细胞。

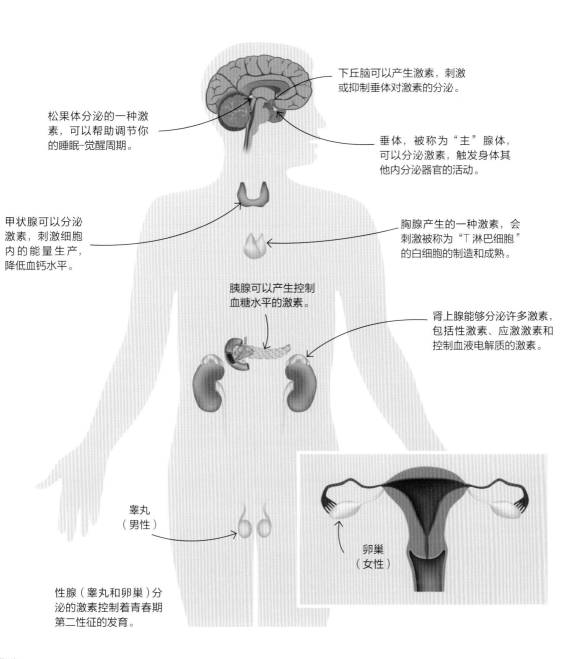

松果体分泌的一种激素，可以帮助调节你的睡眠-觉醒周期。

下丘脑可以产生激素，刺激或抑制垂体对激素的分泌。

垂体，被称为"主"腺体，可以分泌激素，触发身体其他内分泌器官的活动。

甲状腺可以分泌激素，刺激细胞内的能量生产，降低血钙水平。

胸腺产生的一种激素，会刺激被称为"T淋巴细胞"的白细胞的制造和成熟。

胰腺可以产生控制血糖水平的激素。

肾上腺能够分泌许多激素，包括性激素、应激激素和控制血液电解质的激素。

睾丸（男性）

卵巢（女性）

性腺（睾丸和卵巢）分泌的激素控制着青春期第二性征的发育。

下丘脑和垂体

内分泌腺按照传递激素信号的顺序组成了内分泌轴，你的下丘脑和垂体能与许多其他内分泌腺形成轴。

下丘脑是大脑的一部分，与内分泌系统和中枢神经系统相连。它有各种各样的功能，包括控制人性"驱动器"（进食、饮酒、性行为）以及体温。下丘脑与大脑的其他部分——尤其是与焦虑和攻击性情绪反应有关的边缘系统——共同管理一些活动。下丘脑位于大脑的底部，就在丘脑的正下方，因此而得名。

脑下垂体位于大脑底部的下丘脑上，呈现出一个小的豌豆状突起，它由两个主要部分组成——垂体前叶和垂体后叶。它位于下丘脑的正下方，通过一根茎——有时被称为"垂体茎"，这个词更容易发音——与下丘脑的漏斗部连接起来。

神经和激素

下丘脑是大脑的一部分，含有神经细胞。其中一些被称为"神经内分泌细胞"，因为它们的活动与神经细胞和腺体细胞有关。腺细胞在受到刺激时会分泌激素，但由于其分泌的是神经源性的激素，同时也可能受到更高层级的大脑中枢的影响。因此，许多影响生理功能的心理因素，比如压力，都是由下丘脑的活动引起的。

下丘脑产生的大部分激素被释放到直接连接下丘脑和垂体的小血管中。这些激素被带到脑下垂体前叶的细胞中，刺激或阻止激素的产生。

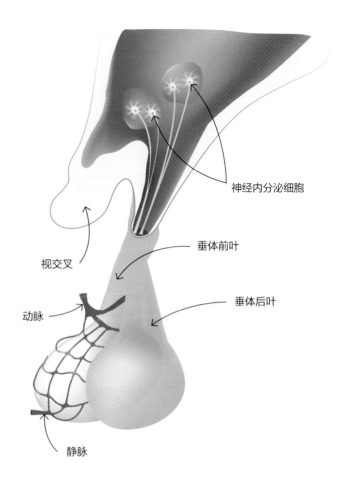

垂体位于下丘脑的下方,
靠近大脑底部。

神经内分泌细胞

视交叉

垂体前叶

动脉

垂体后叶

静脉

所以根据它们在脑下垂体的行动,相关的下丘脑激素一般被描述为"促"激素或者"抑"激素(或因子)。它们通常以所影响的垂体激素命名,例如,下丘脑分泌的甲状腺释放激素,控制垂体前叶分泌促甲状腺激素。

从下丘脑通向垂体前叶的血管是一种典型的门脉系统,这就意味着它们会直接将血液从一个毛细血管床运到另一个毛细血管床,不需要经过静脉或动脉。来自下丘脑的其他激素是直接从垂体后叶的神经末梢分泌的，大多数由前叶分泌的激素是在受到下丘脑释放激素的刺激时才会释放。不过有些激素，例如生长激素、促黑素细胞激素、催乳素等，则受双重调控机制的控制。它们的释放取决于哪种激素机制起主导作用，例如下丘脑的"促"激素还是"抑"激素。

后叶由含有储存囊泡的轴突末端组成，囊泡中储存着两种激素——由下丘脑内的细胞制造的抗利尿激素和催产素。抗利尿激素，英文简称ADH（也被称为"血管加压素"），能使肾脏的集尿管重新吸收水分，减少尿液的体积，这也是它名称的由来，这意味着ADH参与体内水分平衡的调节。抗利尿剂也会导致血压上升，释放激素，以应对身体水分降低（脱水）或血压降低。

催产素是在怀孕期间释放的，刺激子宫在分娩阶段收缩，直到婴儿娩出。催产素在产后、哺乳期也有作用，在婴儿吮吸乳头时负责分泌乳汁。

负反馈的秘密

下丘脑-垂体轴通过一个叫作"负反馈"的过程来调节其他大多数内分泌腺的分泌。以下丘脑-垂体-甲状腺轴为例：当甲状腺激素的血液水平低于正常水平时，下丘脑释放促甲状腺激素释放激素（TRH），触发脑下垂体释放促甲状腺激素（TSH），进而增加甲状腺素的输出。TSH的生成也受甲状腺素的负反馈控制，所以随着甲状腺素血水平升高，生成TSH的量反而会下降。

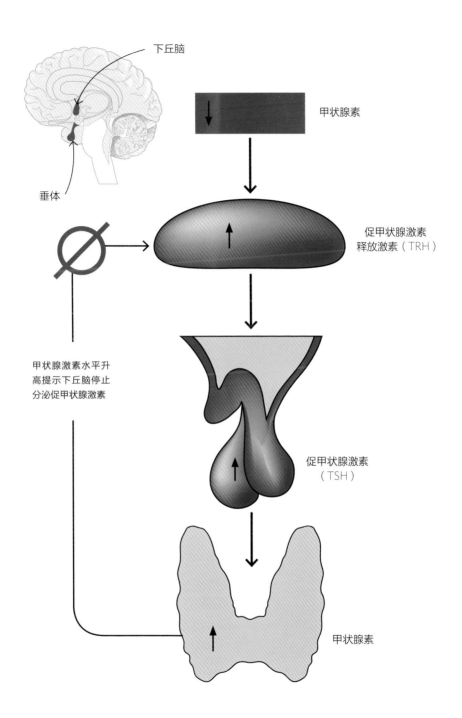

下丘脑

垂体

甲状腺素

促甲状腺激素
释放激素（TRH）

甲状腺激素水平升
高提示下丘脑停止
分泌促甲状腺激素

促甲状腺激素
（TSH）

甲状腺素

甲状腺

甲状腺是颈部的蝶形腺体，位于喉部下方，与气管下部重叠，它的两个腺叶通过峡部相连。

甲状腺有丰富的血液供应，它的细胞产生和分泌两种激素——甲状腺素和降钙素。甲状腺素通过刺激细胞产生能量来控制细胞内化学反应的速度，因此对身体各个系统的生长和功能都很重要。降钙素主要负责在血钙过高时促进骨细胞对钙的吸收，通过负反馈机制使血钙恢复到正常水平。当血钙含量下降时，就会减少降钙素的释放。降钙素的活性只是血钙调节过程的一部分，它的水平反映了肠道吸收、骨组织吸收或释放以及尿液排出之间的平衡。

甲状腺背面通常有四个甲状旁腺，它们会分泌一种叫作"副甲状腺素"的激素。当你的血钙浓度低于正常水平时，它就会升高。它通过增加骨骼中钙的释放，肾脏过滤液中钙离子的再吸收，以及肠道对钙离子的吸收来实现目标。

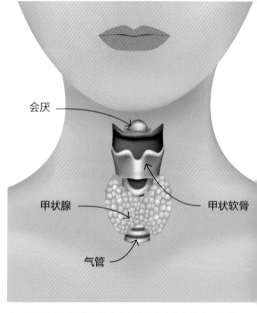

会厌

甲状腺

甲状软骨

气管

↑ 甲状腺位于颈部气管前方，储存有人体四分之一的碘

关于甲状腺和甲状旁腺的秘密：

· 甲状腺素（T4）的活性作用较弱，它可以转化成具有较强活性的三碘甲状腺原氨酸（T3）。

· 某些人可以有三个甲状旁腺，另外有些人甚至有六个甲状腺。

· 甲状旁腺素能够促进肾脏内维生素 D 的活性。

· 由于维生素 D 可以提高肠道对于食物钙吸收的作用，因此现在许多学术权威将其视为某种激素（尽管它仍旧沿用了这个名字）。

第七章　内分泌系统

胰腺

胰腺通常被称为"混合体"，因为它既含有内分泌细胞也含有外分泌细胞。其外分泌（或消化）细胞可以向小肠的十二指肠分泌胰液。

我们曾在"消化"一章中介绍过胰液的作用。内分泌细胞直接向血液释放激素，胰腺激素与维持血糖水平有关。主要的内分泌细胞（被称为"胰岛"）是 β 细胞，负责制造胰岛素；还有 α 细胞，负责分泌胰高血糖素。

胰腺位于胃和肝脏的下方，胰头由十二指肠所包绕。

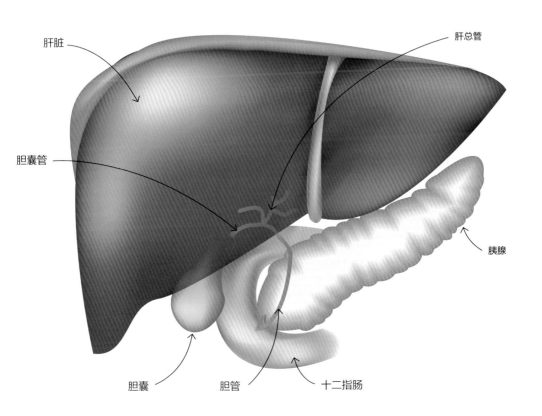

肝脏

肝总管

胆囊管

胰腺

胆囊

胆管

十二指肠

糖尿病

糖尿病是一种与胰岛素有关的疾病。它会导致高血糖症，引发排尿时排出葡萄糖（糖尿）以及脱水等症状，还会引发尿路感染。长期持续的高血糖症还可能损伤眼睛（视网膜病变）、神经系统（神经病变）以及肾脏系统。

当人体自身无法制造胰岛素时，就会出现糖尿病，这种糖尿病被称为"胰岛素依赖型糖尿病"（IDDM）。而那些对胰岛素反应不良的人也会出现糖尿病的症状，但他们所患的病被称为"非胰岛素依赖型糖尿病"（NIDDM）。前者通常发生在儿童或青少年身上，后者多见于成年人。事实上，我们有时用 IDDM 早期的名字——"1 型"，或"早发型 / 青少年型糖尿病"——来称呼它，NIDDM 则相应被称为"2 型"或"晚发糖尿病"。

护理 IDDM 患者时，要密切关注他们将胰岛素作为激素替代品的需求，特别注意他们的饮食习惯及所吃的食物，特别是他们注射胰岛素的时间，目的是从外部控制血糖浓度，从而防止患者血糖过高或过低。对 NIDDM 患者的护理也与之类似，并且需要注意饮食控制。不过，也可以根据实际情况，用药物治疗这种形式的糖尿病，例如，可以用一种"激动剂"药物促进组织细胞加速利用葡萄糖。

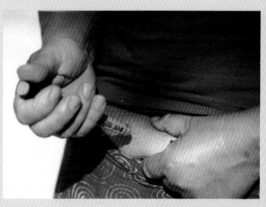

↑ 糖尿病患者可能需要定期注射胰岛素来控制血糖水平。

　　当血液中葡萄糖过多（高血糖）时，胰岛素就会被释放入血液。胰岛素被输送到它的靶细胞——骨骼肌、肝脏和脂肪细胞中。胰岛素与这些细胞的细胞膜上的胰岛素受体结合，从而发挥作用。这种结合可以将更多的葡萄糖运输至这些细胞，从而降低血液中的葡萄糖水平。与之相对，当血液中葡萄糖过低（低血糖）时，胰高血糖素就会被分泌进血液，并被运送到胰高血糖素受体处，这些受体存在的靶细胞与胰岛素的靶细胞完全相同——骨骼肌、肝脏和脂肪细胞。胰高血糖素与受体结合，刺激这些细胞释放葡萄糖，回输至血液中，从而提高血糖含量。胰岛素是唯一已知的一种降血糖激素，而像胰高血糖素这样刺激细胞释放的葡萄糖激素则有很多种，胰高血糖素只是其中之一。

肾上腺

　　顾名思义，肾上腺毗邻肾脏，其实就位于肾脏上方。每个腺体都有一个外层（或皮质）和一个内层（或髓质）。

　　皮质可以分泌一系列类固醇，即所谓的"皮质激素"，包括糖皮质激素、盐皮质激素和性激素。

　　最重要的糖皮质激素是皮质醇，它在身体中扮演着多种角色，基础功能是维持糖原的储存，在需要的时候皮质醇便被调动起来，增加血液中葡萄糖和游离脂肪酸的浓度，从而

肾上腺宽约3厘米，长约5厘米，厚约1厘米。

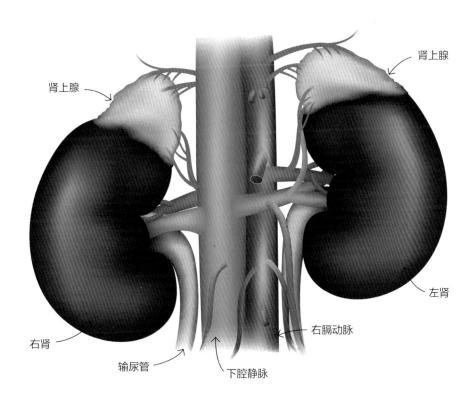

肾上腺

肾上腺

左肾

右肾

右膈动脉

输尿管

下腔静脉

↓ 肾上腺素和去甲肾上腺素负责处理人体在压力环境下作出的恐惧、战斗或逃跑反应。

第七章　内分泌系统

胰腺、肾脏和肾上腺的秘密：

· 胰腺既是一个内分泌腺（分泌胰岛素等激素），也是一个外分泌腺（通过胰管将消化液分泌到十二指肠）。
· 饮酒会降低抗利尿激素的水平，使你过度排尿，导致你可能会脱水并"宿醉"。
· 肾上腺素和去甲肾上腺素既是激素又是神经细胞的化学信使，被称为神经递质。
· 在急剧升高的压力下，血液中的肾上腺素和去甲肾上腺素水平会在一分钟内增加 1000 倍。

在需要的时候增加它们对各种组织的适用性。这种激素在身体活动的过程中，以及受到心理创伤时尤其有用，因为创伤需要愈合，需要重建一种"正常"的体内稳态。当人处于压力之中，这种激素就会被释放出来，这就是它经常被称为"压力激素"的原因。缺少这种激素，我们应对压力的能力会降低。

主要的盐皮质激素有醛固酮，受到缺乏钠或血浆钾浓度增加的刺激就会被释放出来。它所扮演的一个重要的角色，就是维护钾和钠的平衡（因此需要摄入水）。醛固酮的靶细胞有——肾：刺激钠的摄入，增加钾和氢离子的排出；汗腺和唾液腺：有助于从汗液和唾液中重新吸收钠；肠道：促进钠的吸收。

性激素包括男性的雄性激素和女性的雌性激素。与性腺相比，肾上腺产生的这些性激素并不算重要，对人成年后大部分时间的行为影响微乎其微。然而，它们对胎儿的发育，人在儿童期、青春期前的发育，以及男性和女性第二性征的发育，都有重要的影响。

肾上腺髓质可以产生儿茶酚胺类激素：肾上腺素和去甲肾上腺素。这些激素也被称为"压力激素"，因为在人觉察到危险时交感神经系统会启动恐惧、战斗或逃跑反应，它们就会被释放出来。这些激素的活动可以持续支持你为提高生存机会而采取的那些快速反应。

肾上腺

性腺

性腺（睾丸和卵巢）主要生产类固醇激素。男性的类固醇激素被统称为雄性激素，女性的类固醇激素则包括雌性激素和黄体酮。

男性主要的类固醇激素是睾酮，控制精子生成；而女性的类固醇激素负责调节月经周期和乳房发育。雄性和雌性激素的释放是由垂体前叶分泌的促性腺激素控制的。其中就包

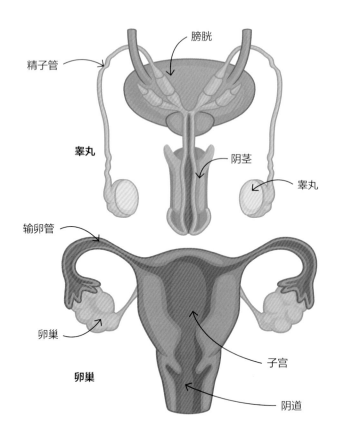

膀胱

精子管

睾丸

阴茎

睾丸

输卵管

卵巢

子宫

卵巢

阴道

← 男性的性腺（睾丸）悬挂在体外，以保持较€的温度，便于制造精子；女性的卵巢则位于宫的两侧。

更年期

到了更年期，卵子的生成及释放渐渐停止，女性生殖器官退化（萎缩），还会出现潮热和盗汗等其他症状。卵巢不再分泌类固醇，可能会强化睾酮的作用。不管是男性还是女性，他们的肾上腺皮质在一生中会持续产生少量的睾酮，这可能导致女性在绝经后的面部毛发增多、粗化，声音变粗。然而，长期来看，绝经后最严重的影响可能是血管中的胆固醇沉积，导致患上心脏病和中风的风险增加，还会增加患上骨质疏松症的风险。研究表明，在临近或进入更年期后，采用激素替代疗法（HRT），可以防止或减少这些风险。

男性身上是否也会出现相应的症状，目前尚有争议。然而，睾酮的释放和分解会随着年龄的增长而下降，所以即使血浆浓度有下降，也只是缓慢下降。精子生成这一过程会一直持续到老年，尽管精子的数量和存活能力可能略有下降。

括促卵泡激素（FSH）和促黄体素（LH）。这些激素是以它们对女性的作用命名的，但它们在两性中都存在。它们受下丘脑分泌的促性腺激素（GnRH）的刺激而释放，性腺激素对下丘脑和垂体的负反馈作用可以实现调节作用。

内分泌失调

激素分泌不足或过多都可以引起内分泌失调。下面我们来举几个具体例子，并说明其一般的规律。甲状腺功能减退可能是由于内分泌细胞缺乏受体造成的（例如桥本病），也可能是由于内分泌腺不能产生激素（例如患上胰岛素依赖型糖尿病）或生产不出足够的激素导致的。另一方面，这种情况也可能是生产激素所必需的饮食成分摄入不足导致的，例如饮食中缺碘可能导致甲状腺素分泌不足。

尿道下裂有时可以通过药物刺激腺体产生或分泌激素来改善。然而，矫正往往需要使用激素替代疗法，用来替代的激素却并不是天然的化学物质，而是人工合成的。

在未来，内分泌干细胞的植入或许会得以实现，可以借此合成激素，改善因视网膜病变所导致的激素缺乏问题。胰岛的植入很可能成为干细胞移植领域的首场胜利，大量的政府资金已被投入到这种胰岛素依赖型糖尿病疗法的开发中。

控制激素释放的负反馈机制失效时，往往会导致激素分泌过量。这可能是腺细胞缺乏反馈信号的受体，内分泌腺本身过度生长（肥大）导致细胞过度活跃造成的。

使用药物抑制激素的生成或阻止其产生作用或许可以作为矫正治疗的原则，目前可以用于治疗的药物仍十分有限。另一种选择是手术，包括切除部分或全部腺体以减少激素分泌过度。

↑　罗伯特·瓦德罗（1918—1940）是现有纪录中最高的人。截至他 22 岁去世时，身高达到 2.72 米。他那令人难以置信的身高是体内过高水平的人类生长激素导致的，而导致这种激素水平过高的根源则在于脑垂体增生。

第七章　内分泌系统

第八章

消化系统

身体的食物处理器

你的消化系统把你吃下的食物分解成身体可以吸收和利用的东西，以维持人体的生存。

你的消化系统本质上是一根长管，从一端（嘴巴）开始，在另一端（肛门）结束。它之所以能够分解（或消化）、利用食物，得益于器官产生的化学物质（主要是酶），能够加快食物的分解。

这些器官包括胰腺、胆囊和肝脏。

消化系统被比作"食品加工机"，一端接收到大量的不溶性化学物质后，用机械和化学的方法把它们分解成更简单的可溶性营养物质，然后将这些营养物质吸收到血液，输送到身体细胞。在那里，它采用各种化学处理方法使用营养物质，以保持身体的健康，维持良好状态（体内稳态）。例如，用一些营养物质制造能量，生成、修复受伤的身体部分。用一句话来描述，就是确保细胞吸收营养，接收必要的化学物质来维持它们的生命！不过，这句话也并不完全正确，因为有部分食物（例如纤维）是不能被消化的，通常在肛管末端"打包"排出体外。

↓ 你的饮食主要由三种食物构成——碳水化物、脂类和蛋白质。但是良好的健康饮食还包括其他较小的可溶性物质，如水、维生素、矿物质和核酸。

所有都与消化食物有关吗？

人体主要通过五项活动对食物进行加工：

·摄入（饮食），即把食物放进嘴里的过程。

·消化，即采用机械和化学的方式将食物分解成更简单的营养物质的过程。

·吸收，即将这些营养物质输送到运输系统（心血管和淋巴）以运送到需要它们的细胞的过程。

·同化，肝脏的一项功能，负责维持血液中营养物质的正常水平，这样一来，细胞在需要时就能吸收它们，以维持细胞的最佳活动。

·排便，即将我们摄入的食物的残渣、胆汁的废物以及一些未被吸收的物质（例如水和电解质）从身体中移除的过程。

食物的物理分解主要通过牙齿的咀嚼和肠道肌肉对食物的挤压。物理消化的目的，是把食物分解成更小的部分，为化学消化增加表面积。

食物的化学分解，实际上是由水通过被称为"水解"的过程来完成的——消化酶只起到加速这个过程的作用。水分解复杂食物——例如碳水化合物、蛋白质和脂肪——的化学键，把它们变成简单的可溶性化学物质——糖、氨基酸和脂肪酸，使它们能够被吸收到血液中。大多数营养物质的吸收都在小肠的最后一部分，即回肠进行。此外，结肠会吸收水，留下固体废物，以便从体内排出。

物理消化和化学消化是同时进行的。但是为了方便起见，我们将针对肠道的每个部分分别描述这些过程。别忘了正是这些肠道活动的整合，决定了消化和同化过程的结果。

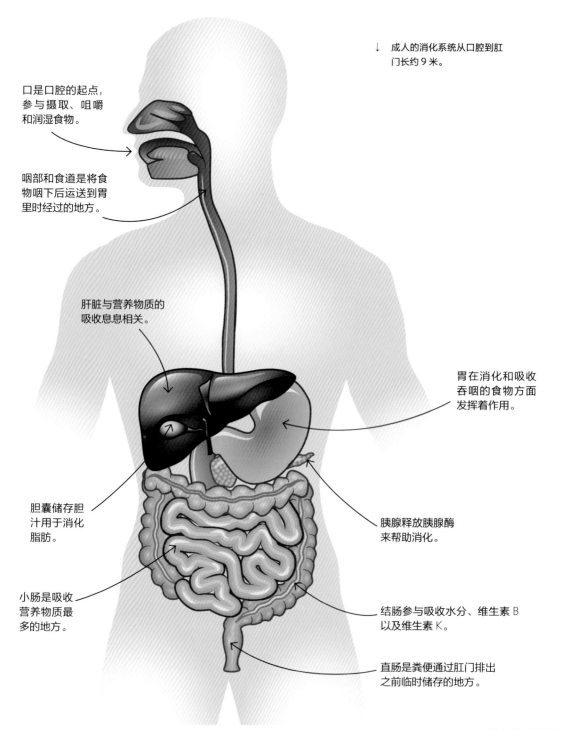

↓ 成人的消化系统从口腔到肛门长约 9 米。

口是口腔的起点，参与摄取、咀嚼和润湿食物。

咽部和食道是将食物咽下后运送到胃里时经过的地方。

肝脏与营养物质的吸收息息相关。

胃在消化和吸收吞咽的食物方面发挥着作用。

胆囊储存胆汁用于消化脂肪。

胰腺释放胰腺酶来帮助消化。

小肠是吸收营养物质最多的地方。

结肠参与吸收水分、维生素 B 以及维生素 K。

直肠是粪便通过肛门排出之前临时储存的地方。

第八章　消化系统

口

口腔是消化过程的开始。它的结构允许我们摄入、咬、咀嚼并润湿食物。

牙齿参与消化过程的第一步——咬和咀嚼。

恒牙包括凿状的切牙、锋利的尖牙、扁平的前臼齿和臼齿。虽然类型和形状大相径庭，但每颗牙齿的结构都是一样的，都有冠、颈和根这三部分。牙冠是牙龈上方可见的区域，为人体中最坚硬的物质——牙釉质所覆盖，防止牙冠的磨损。牙颈是牙齿的中间部分，位于牙龈下方，通向牙根。

↓　成年颌骨中不同类型牙齿的分布情况。

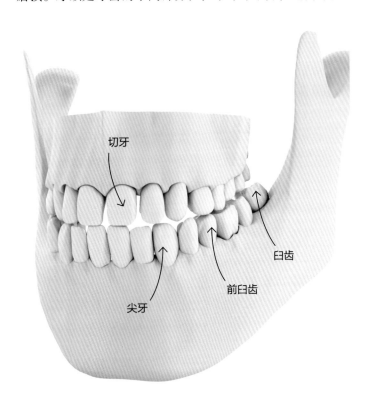

切牙

臼齿

前臼齿

尖牙

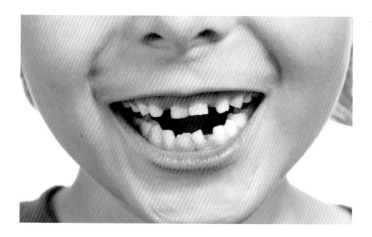

← 乳牙将为恒牙所取代。

牙齿的主体是一种骨头状的黄色物质，叫作牙本质，是身体中坚硬度排名第二的物质，能保护牙齿在咀嚼时不至于断裂。接下来的内层是牙髓，位于牙髓腔内。这个腔中含有血管和神经，因此可以为牙齿提供营养以及感知能力。牙根位于牙槽骨中，被牙周韧带固定在牙骨质（覆盖住牙本质的一种软骨）和牙龈里。

切牙（负责咬合的牙齿）以及嘴巴能够张开的最大限度，决定我们所摄入食物的大小。从历史上看，这些身体部分曾被原始人类用来从骨头上撕下新鲜的肉。然而，由于我们的饮食和社会饮食习惯发生了变化，现代人的牙齿变得不那么重要，而且变小了。一旦食物进入口腔，前臼齿和臼齿就会碾碎、研磨它们，把它们变成更小的部分。这是一个由下巴肌肉控制的机械过程，被称为咀嚼，同时将唾液腺分泌的唾液与食物进行混合，润湿食物。

换牙

牙齿的发育在你出生前就开始了，但要到出生几个月后

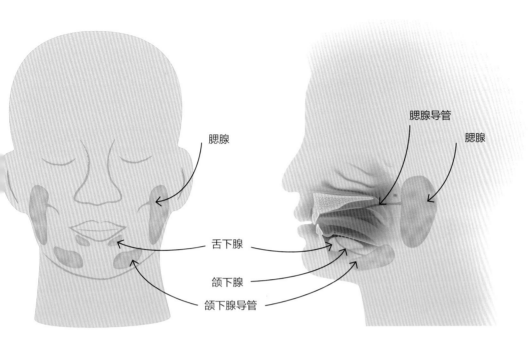

腮腺

腮腺导管

腮腺

舌下腺

颌下腺

颌下腺导管

口腔两侧各有三对唾液腺，分泌唾液以湿润和消化食物。

才会露头，此时的牙齿是乳牙，总共有 20 颗。最先长出的是切牙，然后是尖牙，最后是臼齿。乳牙从 7 岁左右开始脱落，被"恒牙"替代，到 13 岁左右时长齐。青少年期或刚刚成年的时候还有可能长出 4 颗"智齿"。除智齿外，成人牙齿共有 28 颗，包括 8 颗切牙、4 颗尖牙、8 颗前臼齿和 8 颗臼齿。

口腔内的化学消化

理论上，唾液淀粉酶有助于将大的不溶性碳水化合物（淀粉）转化为单糖（麦芽糖）。

而食物只有在咀嚼和进入胃部的短暂过程中会遇到淀粉

酶和唾液的秘密

- 你知道吗？没有消化酶的参与，便无法将营养转化为可以吸收进血液的形式，我们也就无法吸收营养。
- 肠道不同部分的酸碱度变化是至关重要的，因为不同的酶需要不同的酸碱环境才能有效地发挥作用。
- 人体每天分泌 1—1.5 升的唾液，其中有 25% 是由最大的唾液腺——腮腺分泌的，另外有 70% 是由颌下腺分泌的，由最小的舌下腺分泌的只占 5% 左右。
- 腮腺炎病毒感染腮腺，令它肿大并发炎。
- 当你打哈欠时，颌下腺和舌下腺会分泌唾液。
- 当你处于脱水状态时，唾液腺会停止分泌唾液，为身体保存水分。这就是你脱水时嘴巴很干燥的原因。

酶。从摄入食物到食物进入胃中的过程不过 4—6 秒。此后食物就会置身于一个酸性环境中。在这种环境下，淀粉酶的活性受到抑制（最佳 pH 值为 7—8），碳水化合物的消化也随之停止；其他食物不会在口腔中进行化学分解。经过物理和化学的消化过程后，离开口腔的食物会变成一个柔软、有弹性的饭团，也被称为"食团"，可以被轻易吞下。

吞咽和蠕动

吞咽反射包括自主和非自主两个阶段，这样食物可以从咽喉后部进入食道，而不会误入气管导致窒息。

吞咽的自主阶段发生在舌头自主地将食物送到口腔后部、进入喉咙的时候。咽喉非自主的阶段与吞咽反射相关。神经脉冲刺激软腭向上移动，堵住鼻腔通道，阻止食物进入鼻腔。神经脉冲也会使喉头上移，堵住喉头的开口（即声门）以及会厌。

↓ 吞咽过程中的自主和非自主阶段。

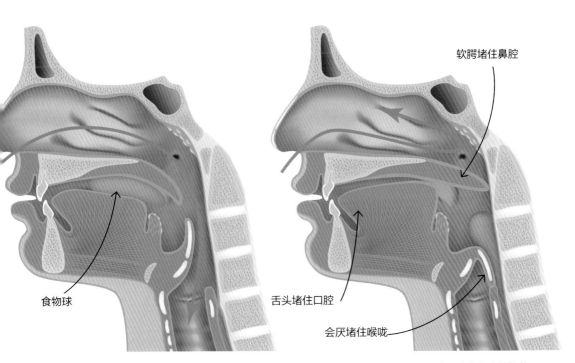

软腭堵住鼻腔

食物球

舌头堵住口腔

会厌堵住喉咙

当呼吸道保持畅通时，舌头会自动将食物推进口腔后部。

当食物球进入喉咙时，会厌会非自主地堵住喉咙，防止它进入气管。

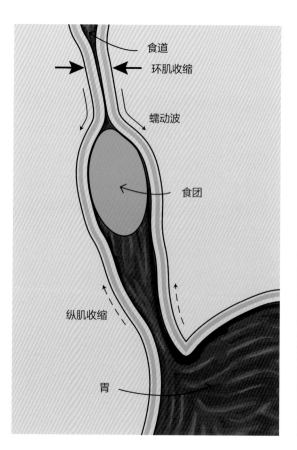

食道

环肌收缩

蠕动波

食团

纵肌收缩

胃

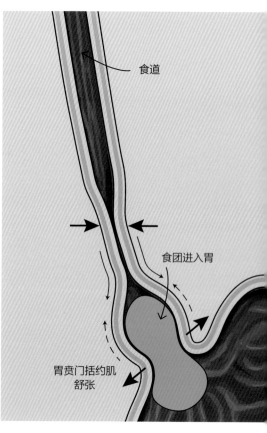

食道

食团进入胃

胃贲门括约肌
舒张

↑　食道壁的平滑肌组织收缩，产生蠕动波
　　将食团推入胃部。

　　　　　　　　　　　　　　　　　　　　　　第八章　消化系统

吞咽困难和食道炎

· 吞咽困难指的是难以吞下食物。它可能是由食道中的机械性梗阻（例如肿瘤）引起的，也可能是某种损害食道运动的疾病（例如帕金森病）导致食道运动障碍，或者是某些肌肉疾病，干扰了自主吞咽或蠕动。

· 食道炎是胃内物反流进入食道。这主要是因为保护胃入口的肌肉括约肌功能不全，胃中自然存在的酸会刺激食道壁上的细胞，导致"烧心"的感觉。

有时我们喝水速度过快，而关闭鼻道的速度太慢，水就会进入鼻腔然后从鼻子流出。还有一种情况是我们吞食食物颗粒的速度过快时，鼻道未能完全闭合，食物滞留在喉头，往往会激发咳嗽反射——通常能够将食团从喉部排出，令你不至于窒息。

食团进入食道后，就进入了食道阶段，肌肉开始波状运动（被称为"蠕动"），将食物输送到胃。这种蠕动包括：食团后方的环肌同时收缩，挤压食道，迫使食团向下移动；食团前方的纵肌扩张，会扩大食团所在部分的食道直径，使食团能够向前运动。吞咽还能促使保护着胃的入口，通常为收缩状态的括约肌放松，允许食团进入胃。食物的蠕动过程贯穿整个肠道，从食道开始，最后进入肛管——即使到了这里，依然需要蠕动来帮助排出粪便。

胃

胃是一个钩形肌肉器官，位于膈下方。

　　胃的入口和出口分别由被称为"贲门括约肌"和"幽门括约肌"的肌肉环保护着。它们通常处于收缩状态，防止胃内容纳物出来。

　　当食团出现在食道的下部时，贲门括约肌打开，让食物进入胃。与此同时，幽门括约肌关闭，食物不能进入小肠，

↓ 胃位于膈的下方，在肝脏和胰腺之间，最长约30厘米，最宽处约15厘米。

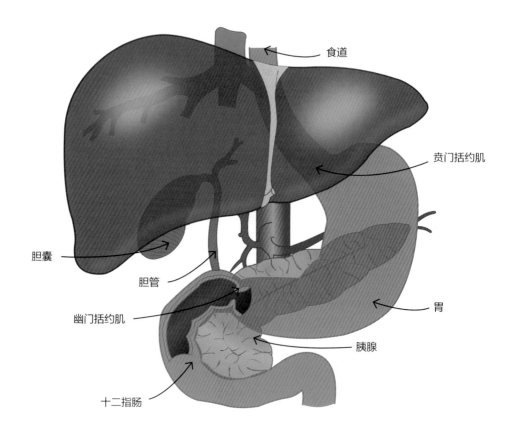

食道

贲门括约肌

胆囊

胆管

幽门括约肌

胃

胰腺

十二指肠

　　　　　　　　　　　　　　　　　　　　　第八章　消化系统

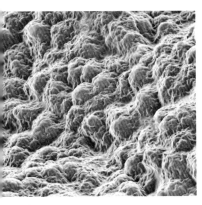

胃壁上的胃窝含有分泌细胞，释放构成胃液的各种物质。

除非先在胃里进行消化。胃的大小和形状随其内容物的变化而变化。当胃是空的时候可以清楚地看到胃黏膜皱襞，而当胃里充满食物时，皱襞就会消失。

物理消化

胃搅动是一种由重叠的、相互呈直角分布的肌肉层进行的三维肌肉运动，是这个器官所特有的，可以提高人体的消化效率，将食团分解为多个较小的部分，通过将食物与胃中的化学物质（胃液）混合，令化学消化更加高效。

化学消化

胃分泌物（胃液）的主要活动是把从口中输入的半固态的食物转化为半液态的食糜，并开始分解蛋白质。胃的内壁有胃小凹。胃壁细胞可以分泌盐酸和内因子[1]，对于维生素 B_{12} 的吸收不可或缺，而维生素 B_{12} 对红细胞的产生至关重要。主细胞[2]或消化细胞会分泌一种非活性状态的胃蛋白酶（被称为"胃蛋白酶原"），需要盐酸来活化。胃蛋白酶帮助水将蛋白质分解成叫作"多肽"的氨基酸链。

消化细胞还会分泌一种叫作"肾素"的酶，通过将牛奶中的可溶性蛋白质转化为一种不溶性蛋白质来凝固牛奶，使得胃蛋白酶和水就能够把这种蛋白质分解成多肽。这种酶在婴儿和母乳喂养的幼儿体内很多。黏液细胞[3]产生的黏液素，与水混合形成黏液，黏附在胃的内壁，防止胃壁被胃液中的盐酸和蛋白水解酶分解。

1　由胃黏膜壁细胞分泌的糖蛋白。
2　别名胃酶细胞，分布在胃底腺的下半部。
3　表面黏液细胞，位于胃黏膜上皮，可以分泌含高浓度碳酸氢根的不可溶性黏液，覆盖于上皮表面，有重要的保护作用。

在胃里停留多久？

食物在胃里可以停留 2—4 个小时，取决于食物内容。例如，一顿牛排大餐富含大量蛋白质，因此会在胃里停留大约 4 小时，而一包不含蛋白质的薯条在胃里停留的时间就少很多。几小时后，这些食物被转化成半消化的奶油状浆液，被称为"食糜"。只要消化正常进行，有规律的波浪收缩便

↓ 成人的胃在空置状态下体积很小，但可以扩到足以容纳 2—4 升的食物。

幽门梗阻

幽门梗阻是一种胃排空障碍。幽门括约肌过度生长，使胃出口变得狭窄，因此需要额外的胃蠕动，才能使胃内容物强行通过幽门括约肌，胃的肌肉层也可能因此变得更厚。幽门狭窄在婴儿中更为常见，通常在出生后第三周出现，典型症状是喷射性呕吐胃内容物，并可以喷射至远处。

第八章 消化系统

胃的秘密

· 人体每天可以分泌 2—3 升胃液。
· 胃壁结构分为四层。由内而外，最内（衬）层被称为黏膜，在胃小凹中产生胃液。然后是黏膜下层，被肌层包围。肌层是一层肌肉，负责移动和混合胃内物。最外层是浆膜，形成了一个将其余的胃层"包裹"起来的结缔组织。
· 胃中有破坏性的盐酸，有助于杀死存在于食物中的或呼吸道受感染时吞咽进的、喜爱碱性环境的微生物。
· 为了保护自己免受这种腐蚀性酸的侵蚀，胃壁会产生一层黏液涂层。

↑　呕吐可能是因为人体想清除体内潜在的有害物质，例如饭后 1—8 小时呕吐可能是食物中毒。

开始将胃内物向下推到胃的出口——幽门括约肌处，之后进入十二指肠。随着越来越多的食糜进入十二指肠，胃也随之逐渐缩小。

呕吐

　　呕吐是对胃肠道内容物强有力的反流，被称为"反蠕动"。这是一种与脑干延髓呕吐中心相关的神经反射。它促使会厌封闭声门并关闭喉头，这样呕吐物就不会进入气道。鼻腔通道也会被关闭，以防止呕吐物进入鼻腔。幽门括约肌收缩，胃内的压力增加，导致胃反流。这些闭合伴随着膈肌和腹壁肌肉的强力收缩，将呕吐物推出消化道。导致呕吐反应的原因有：强烈的恐惧，焦虑，不愉快的气味，化学或微生物对胃肠道的刺激，脑瘤，某些药物（例如吗啡或一般的麻醉药），或耳内平衡器官感知到的矛盾脉冲，例如晕车。

小肠

你的小肠从胃延伸到大肠。它是一个高度卷曲的结构，占据了腹腔的大部分。

小肠可被分为三个部分：

• 十二指肠在胃下方形成一个环，包围着胰腺，接受来自胆囊的胆汁和来自胰腺的胰液。

↓ 小肠长约 6.5 米，盘绕在大肠内侧。

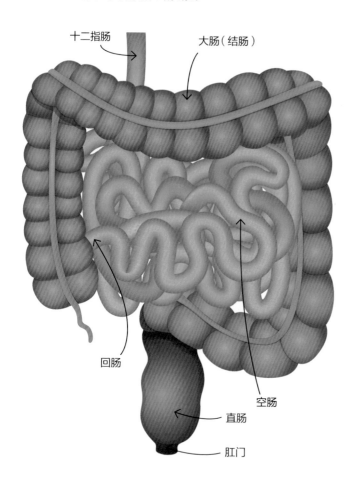

十二指肠

大肠（结肠）

回肠

空肠

直肠

肛门

・空肠从十二指肠延伸到小肠的最后一部分——回肠。十二指肠和空肠主要与消化有关。

・回肠与小肠和大肠相连，是吸收营养物质的主要部分。

物理消化

小肠的舒缩被称为分节运动。顾名思义，它将食物颗粒"分解成越来越小的片段"，还用这部分肠道分泌的消化液将食物彻底混合为食糜。它的蠕动运动比食道弱，所以食物在小肠中保存的时间更长，反映了完成消化所需的时间。

胆汁是一种黄绿色碱性液体，含有胆汁酸盐，通过一种被称为"乳化"的过程，将大的脂肪球转化成小的。这个过程有点像将食用油倒进水里：大的油滴首先进入水中，分散成更小的脂肪滴，增加总表面积。这种更大的表面积有助于化学消化，将脂肪分解成身体可以吸收的部分。

化学消化

食糜的成分必须用化学方式进行消化。小肠利用胰腺和肠黏膜的分泌物，启动并完成这些化学过程。绝大多数的消化发生在十二指肠和空肠[1]内。水在酶的帮助下将养分进行化学消化，产生以下食糜成分：

碳水化合物

淀粉（胰淀粉酶）和糖——像麦芽糖（肠道麦芽糖酶）、乳糖（肠道乳糖酶）以及蔗糖（肠道蔗糖酶），都通过化学还原变成可以吸收入血液中的单糖。这些单糖是葡萄糖或果糖以及半乳糖。当然，食物中也有它们的存在，由于足够

---

1 哺乳类动物的小肠中十二指肠以后的部分，前段为空肠，后段为回肠。

小，它们可以被血液直接吸收。

脂肪或脂质

到此环节，它们还没有被化学消化到极致。它们是以化学消化的方式（由胰脂肪酶和肠脂肪酶负责）进入小肠的。脂肪的化学分解产物是脂肪酸和甘油，此时它们会被吸收到血液和淋巴循环中。

蛋白质

胃蛋白酶对蛋白质进行消化后产生多肽（胰蛋白酶），多肽分解后形成肽（肠肽酶）。此时，蛋白质消化已经完成。蛋白质消化的最终产物——一种被称为"氨基酸"的营养物质——现在能被吸收到循环中了。

其他必需品

维生素、矿物质和水就像单糖一样，不能被消化，因为它们已经小到可以被肠壁直接吸收。肠道的物理和化学消化活动受神经和激素联合调节，有时会受到对这些食物的观感的影响，但绝大多数时候是受肠道中存在的食物控制。

↑　大的胆结石对角线长度可达 5 厘米左右。

胆结石

胆结石的主要成因是过量的胆固醇结晶。人们经常察觉不到体内有胆结石，但随着它们体积的增大，可能导致从胆囊流入十二指肠的胆汁流量受到微小、不太频繁的阻碍，甚至完全阻塞胆汁的流动。胆囊出口的部分受到阻塞会导致烧心般的疼痛或不适，被称为"胆囊绞痛"，常发生在饭后胆囊收缩时，由此产生的炎症被称为"胆囊炎"。其英文名称"cholecystitis"是由胆囊的英语旧名"cholecystic gland"而来的。

结石移动或滞留原地，会产生剧烈的疼痛并引起发烧，导致皮肤和眼睛出现梗阻性黄疸的症状。完全性胆道梗阻甚至可以致命。

吸收

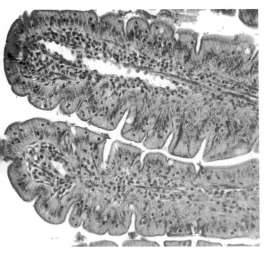

小肠内壁绒毛的显微照片。

吸收，即无须分解能将消化的最终产物（营养）和其他可溶性营养物质，从肠道内运送到身体运输系统的过程。

回肠是吸收的主要部位。它有：

• 巨大的表面积。回肠长约 6.5 米，皱褶、手指状的绒毛和微绒毛进一步增加了内壁表面积。

• 一个便于吸收的超薄黏膜层。

• 一个补给绒毛的庞大的血液和淋巴供应系统。

• 位于吸收细胞、血液毛细血管和淋巴管之间的狭小间隙，保证了短距离的营养物质输送（从肠道输送到血液和淋巴管）。

• 超薄内衬层组成的血管壁和淋巴管壁。

小肠的秘密

• 十二指肠是小肠最短的部分，拉伸后长约 25 厘米，而空肠长约 2.7 米，回肠长约 3.6 米。小肠的直径为 2.5 厘米。与之相比，大肠长1.5—2 米，直径则比小肠宽得多。
• 胰腺每天生成、释放 1200—1500 毫升胰液，肠液的生成速度约为每天 2—3 升。
• 你的肝脏每天会产生 80—100 毫升胆汁，胆汁被从肝脏送往胆囊存储和集中起来，之后才进入十二指肠。
• 胰液、胆汁和肠道分泌物混合后形成肠道的碱性环境。肠道的碱性环境可以在胃酸进入十二指肠时起到中和胃酸的作用，同时也为酶提供了最佳的工作环境。
• 回肠占吸收的 90%，口腔、胃和大肠负责吸收其余的最终消化产物。

大肠

　　大肠从小肠延伸到肛门。它的纵向肌肉层形成了三条带状组织，保持收缩状态，赋予大肠"囊状"外观。

　　大肠有四个主要区域——盲肠、结肠、直肠和肛管。大肠主要负责存储粪便（直至将其从体内排出）、分泌黏液以润滑粪便，缓解排出粪便，吸收剩下的大部分水分、矿物盐以及维生素 B 和维生素 K。

↓　大肠绕着腹腔的外侧分布，环绕着小肠。

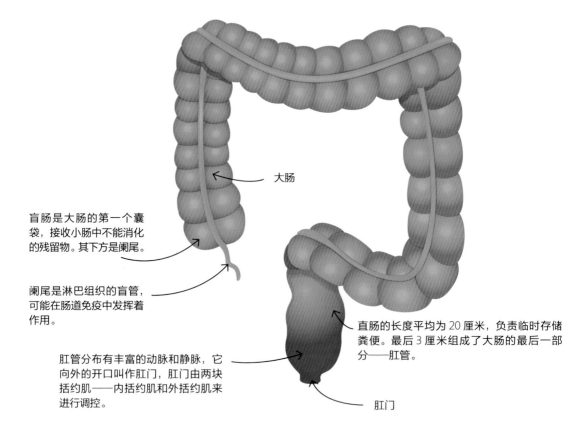

大肠

盲肠是大肠的第一个囊袋，接收小肠中不能消化的残留物。其下方是阑尾。

阑尾是淋巴组织的盲管，可能在肠道免疫中发挥着作用。

肛管分布有丰富的动脉和静脉，它向外的开口叫作肛门，肛门由两块括约肌——内括约肌和外括约肌来进行调控。

直肠的长度平均为 20 厘米，负责临时存储粪便。最后 3 厘米组成了大肠的最后一部分——肛管。

肛门

排便

结肠蠕动由慢波电位来协调，在沿着结肠传导过程中会逐渐加快——就像海浪从远处到达岸边时会变得更大、更强一样。每天进入肠内的物质中，只有约 10%（200 毫升）的半固态废弃物会被排出体外。

粪便进入直肠，准备经肛管排出体外。直肠因粪便而胀大，产生反射性收缩，刺激产生打开肠道的强烈冲动。这种收缩使肛门内括约肌放松，迫使粪便移向肠道末端的外括约肌。这里的括约肌是处于自主控制下的（婴儿经过如厕训练后也可以做到），会一直保持紧闭，直到你作出打开括约肌的决定。

腹膜

肠道以及腹腔和盆腔，被一个叫作"腹膜"的透明双层膜囊包裹着。外（壁）腹膜形成腔壁，内（脏）腹膜覆盖着腹腔和盆腔内的器官。两层膜之间有少量液体。腹膜将腹内物体固定在适当位置，允许它们相互滑动，而不会受到摩擦。腹部后壁的数层膜融合形成双层膜，被称为"肠系膜"。这些肠系膜为血液、淋巴管和神经提供了进入消化道的通道，稳定了消化道各部分的相对位置，可以防止肠道缠在一起——例如在蠕动、搅动或磨碎等消化运动中，甚至在身体体位突然改变（例如侧躺在床上）时。每个肠系膜都含有丰富的血液和淋巴，有助于防止人体肠道的感染。肠系膜也为腹部的脂肪提供了储存场所。

腹膜炎

　　结肠运动迟缓会导致细菌滋生。如果这些细菌被释放到身体的其他部位，例如腹腔，就可能导致疾病。肠道穿孔时，腹腔就会出现这种情况。细菌可能会引发危及生命的急性腹膜炎。还有一种腹膜炎程度较轻，是由发炎的腹膜相互摩擦引起的。

腹部象限

在解剖学上，腹部被分为四个象限，每个象限都包含一些消化器官和其他器官。医生常根据腹痛所在的象限来进行诊断。部分知识与临床试验相结合，可以用于诊断该象限内器官的疾病。

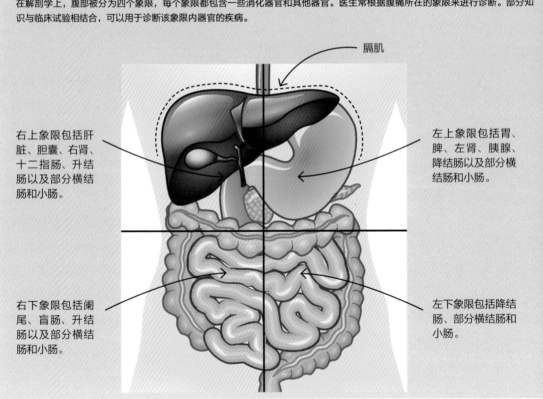

膈肌

右上象限包括肝脏、胆囊、右肾、十二指肠、升结肠以及部分横结肠和小肠。

左上象限包括胃、脾、左肾、胰腺、降结肠以及部分横结肠和小肠。

右下象限包括阑尾、盲肠、升结肠以及部分横结肠和小肠。

左下象限包括降结肠、部分横结肠和小肠。

↑　四个腹部象限。

肝脏

　　大部分肝脏位于腹腔的右上象限，处于下肋骨的保护中。肝脏横跨至腹部的左侧，在胃的上方和膈的下方。

　　肝脏是柔软的，呈深红色，因为它有丰富的血液供应。这也就是一旦肝脏破裂会非常危险的原因。它会大量出血，而且这种损伤很难修复。肝脏几乎完全被腹膜覆盖，通常分为肝右叶（较大）和肝左叶（较小），两片肝叶间被韧带分开。

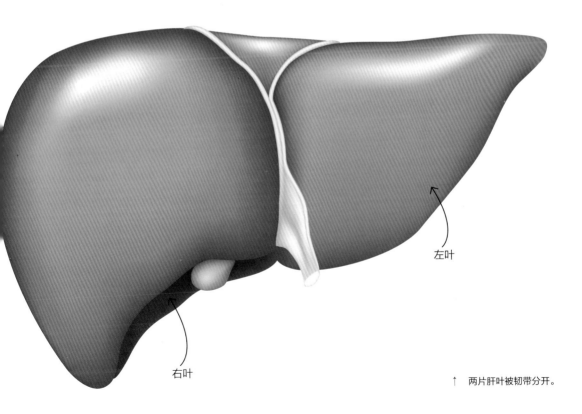

左叶

右叶

↑　两片肝叶被韧带分开。

肝小叶

消化系统吸收的营养物质通过肝门静脉进入肝脏。这条血管在肝脏中又进一步细分成更小的血管，进入一个由更小的血腔或通道组成的连接系统——血窦。肝脏中的功能单元叫作"肝小叶"，每个小叶都由一个六角形的囊包裹着，内部都含有无数肝细胞链。这些肝细胞链围绕中心静脉呈放射状排列。细胞链之间分布着血窦和胆汁窦，肝细胞、血液和

↓ 两片肝叶都能从肝动脉和肝门静脉处获得丰的血液供应。

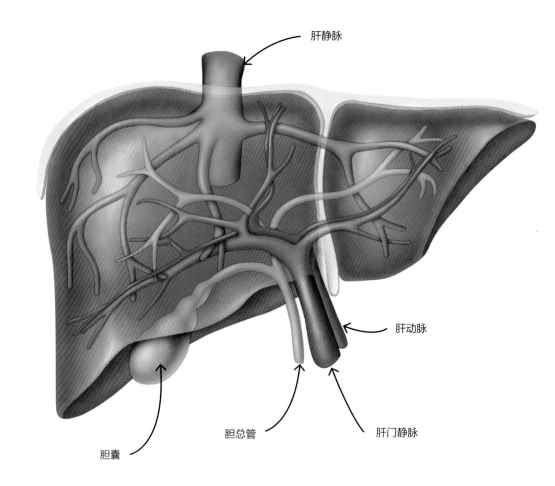

肝静脉

肝动脉

肝门静脉

胆总管

胆囊

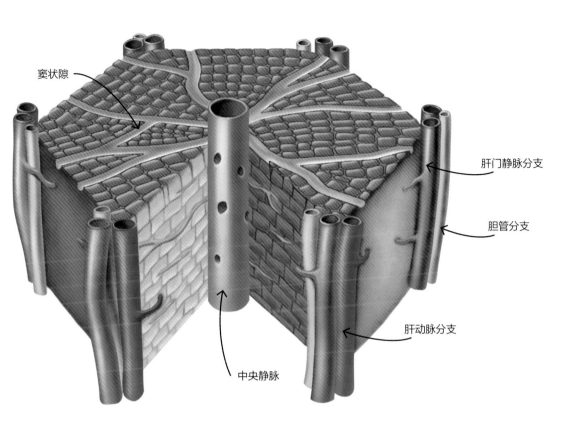

窦状隙

肝门静脉分支

胆管分支

肝动脉分支

中央静脉

肝小叶的横切面，是围绕着一个大的中央静脉的六角形。

胆汁通道之间在这里进行物质交换。血窦将富含氧气的肝动脉血液和富含营养的肝门静脉血液，从六角形囊的每个角的边缘输送到中心静脉。这条静脉是肝静脉的一个分支，负责把血液从肝脏排到下腔静脉，然后送回心脏。

胆汁通道负责输送由肝细胞产生的胆汁。这条通道与一系列的通道（导管）一起，将肝脏与胆囊连起来。胆汁在这里被储存和浓缩，直到被小肠用来乳化[1]大块的脂肪。

1　乳化作用指乳化剂将不相溶的油、水两种液体乳化形成相对稳定的乳状液的过程，在人体中胆汁可以乳化脂肪形成较小的脂肪微粒。

吸收营养成分

肝细胞的一项主要功能是吸收营养物质，包括：

• 葡萄糖，与氧气结合进行细胞呼吸。如果吸收的葡萄糖太多，有可能导致高血糖，那么多余的葡萄糖就会被储存为糖原。它们可以在血糖水平低时——这种情况很可能发生在锻炼和夜间禁食期——被用作紧急燃料释放葡萄糖。

• 脂肪酸和甘油，用于制造胆固醇和甘油三酯。

• 氨基酸，用于蛋白质（例如白蛋白）、脂质和凝血蛋白（例如纤维蛋白原）的制造和运输。过量的氨基酸最终会转化为尿素和葡萄糖。尿素是一种通过尿液和汗水排出体外的废物。如果饮食中缺乏碳水化合物，过量的脂肪酸也会被制成葡萄糖。否则，任何多余的脂肪都会被储存在皮下和重要器官周围。

• 脂溶性维生素（A、D、E、K 和维生素 B_{12}）以及一些矿物质（比如铁），在需要使用它们之前，会被储存在肝细胞中。

肝脏的其他功能

肝脏是人体最忙碌的器官之一。它的其他功能还有：

• 解毒。通过肝细胞去除一些有毒物质，例如酒精和毒品，以实现解毒的目的。

• 防御和回收。生命终结的血液细胞会被特定的吞噬白细胞（库普弗细胞）毁灭，后者同时也能杀灭血窦中的细菌。红细胞的血红蛋白会被回收，用以制造胆汁色素（胆红素和胆绿素）。

• 体温调节。由于肝脏所执行的活动极多，这一器官也是身体热量的来源之一，在体温调节上扮演着重要角色。

肝脏和酒精

肝脏对酒精有解毒作用。有一种肝酶（乙醇脱氢酶）可以加速解毒过程，将酒精转化成乙醛，乙醛可以作为介质用于产生能量（ATP）。

个体对酒精的解毒能力各不相同，酗酒的人解毒能力更强，因为他们持续接触酒精，可以产生加速酒精分解的相关酶。记住，水分解酒精，酶则能加速酒精的水解，所以你没有借口不喝水。然而，持续过量饮酒会损害细胞的细胞器，使它纤维化，阻塞血液和肝细胞之间的物质交换通道。如果酒精被排出体外，这种初期损害是可逆的；但如果继续饮酒，就可能发展成肝硬化（出现不可逆的瘢痕，导致门静脉高压和肝细胞坏死）或黄疸，两者都可能致命。

肝脏具有惊人的自我修复能力，即使受到严重损伤，也能继续发挥功能。事实上，移走或摧毁70%的肝脏后，其仍能继续发挥作用。然而，如果大量细胞受损被瘢痕组织取代，就像这片肝脏（右图）这样，导致肝硬化，最终会引发肝功能衰竭。

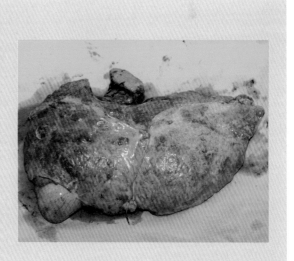

第九章

泌尿系统

过滤血液

尿液的产生始于对肾脏微小血管中多余的液体、盐分和可溶性废物的过滤。随后，这些滤液在肾脏中"浓缩"，形成尿液。

你的尿液从肾脏滴入输尿管，它会将尿液带到膀胱。尿液被储存在膀胱，然后通过尿道排出。将尿液排出体外有助于维持体液含量的平衡，使细胞保持健康。

尿

尿液中大约 95% 是水。其他化学物质可归入两个主要类别中：

• 不能用于人体的、废弃的化学物质，例如水溶性废物，包含尿素（肝脏中蛋白质分解的副产品）、肌酐（肌肉收缩过程中产生的）和尿酸（回收老化的核酸 DNA 和 RNA 时产生的）。还包括一些过量的、不能储存在体内的化学物质，例如尿液的主要成分水；多余的盐，例如钠、钾、氯、磷酸盐和硫酸盐。

这些化学物质持续积累的话，可能会破坏人体细胞的活动，扰乱人体的健康和正常运行。"废物"一词也可用于那些在人体活动中很重要、但只在需要时才使用的物质，因此必须在其发挥完作用后予以清除。例如，必须从身体中去除激素，至少也要使其失活，以免其持续活动的时间超过要求。

举个例子，血糖过高时胰岛素就会被释放出来，因为它能使血糖降低到正常范围内。然而，如果血糖水平正常，

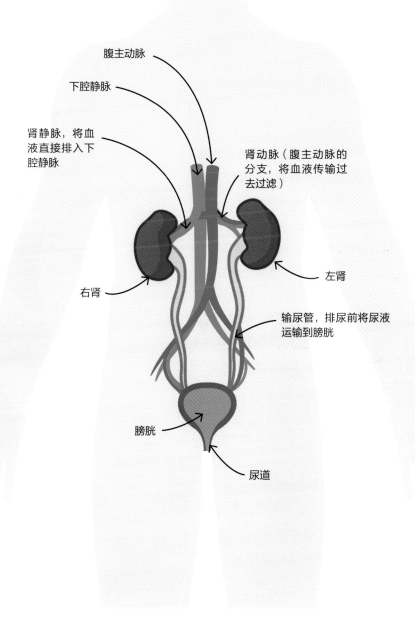

↓ 肾脏位于背部两侧，胸腔正下方，通过输尿管与膀胱相连。

腹主动脉

下腔静脉

肾静脉，将血液直接排入下腔静脉

肾动脉（腹主动脉的分支，将血液传输过去过滤）

左肾

右肾

输尿管，排尿前将尿液运输到膀胱

膀胱

尿道

过滤血液

胰岛素却没有失活，依然在持续发挥作用，就会导致血糖含量越来越低，出现头晕、头痛、紧张或颤抖等症状。

• 任何不能储存在体内的饮食物质都会随尿液排出，包括水溶性维生素，例如维生素 C。尿液中还含有许多对人体功能没有价值的食品添加剂。

尿液的变化

尿液通常是无菌的，根据你体内水分含量的不同，尿液会呈浅黄色、稻草色乃至深橘黄色等各种颜色。

尿液也可能受食物色素影响而改变颜色。例如，如果你吃了很多甜菜根，尿液就可能呈现红色。

尿液会散发出一种微弱的气味，浓度越高，放置的时间越久，气味就越浓烈。女性可能会注意到，尿液的气味会随每月的不同时期而变化，这是由于女性激素（雌性激素和孕激素）分解的产物造成的。通常，肾脏是清除废物的主要器官。然而，肠道、肺部和皮肤也能清除身体中不需要的、有潜在危险的化学物质。

过滤设备

肾脏是位于背部两侧的两个豆状器官。右肾位于人体中最大腺体——肝脏的下方，由于位置受到肝脏的挤占，所以右肾较小，在腹部的位置也比左肾略低。这两个孪生器官将废物和不能储存在体内的物质，从经肾动脉进入肾脏的血液中分离出来，当血液经肾静脉离开肾脏时，便不再含有这些化学物质。英文"renal"（肾脏）一词来源于拉丁文"renes"。

↑ 尿液的气味可能会因食物或饮料中的成分而改变，例如，吃芦笋或喝酒后，尿液的气味会出现明显变化。

第九章　泌尿系统

肾 脏

尿液的形成始于血浆过滤。肾脏的主要过滤单元被称为"肾小球",过滤后的液体(被称为"滤液")进入负责生成尿液的肾小管。

每个肾小球都是一簇毛细血管(源于肾动脉的分支),为过滤提供足够大的表面积。肾小球采得的滤液会进入肾单位中的一个个杯状容器(被称为"肾小囊")中,肾单位的其他部分从这里伸出。肾小囊中的微小开口(孔)能够允许较小的可溶性物质(例如葡萄糖、钠和水溶性维生素)通过,同时防止大物质(包括血浆蛋白和血细胞)通过。

过滤掉垃圾

在流经肾单位的不同部位时——近曲小管、远曲小管以及亨利袢——滤液的化学性质会发生改变,这是由"选择性再吸收"过程导致的。这一过程使得溶解物质(溶质)和水分从肾单位排出,重新进入循环系统。有些物质,例如氯化钠,会经过一定程度的再吸收,所以虽然最终的滤液(即尿液)中总是含有氯化钠成分,但它们被排出的速度一直小于被过滤的速度。肾脏在改变这些物质的再吸收速率方面起着重要作用。与之相比,滤液中一些其他化学物质的再吸收(例如氨基酸和小蛋白)则是近乎完全吸收的。因此,它们会被保存在血液中,通常不存在于尿液中,除非肾脏受损。

也就是说,肾单位负责将滤液转化为尿液,并且其末端部分——集合管——决定尿液的浓度。它们受抗利尿激素的影响,会重新吸收更多的水进入血液,产生少量的浓缩尿

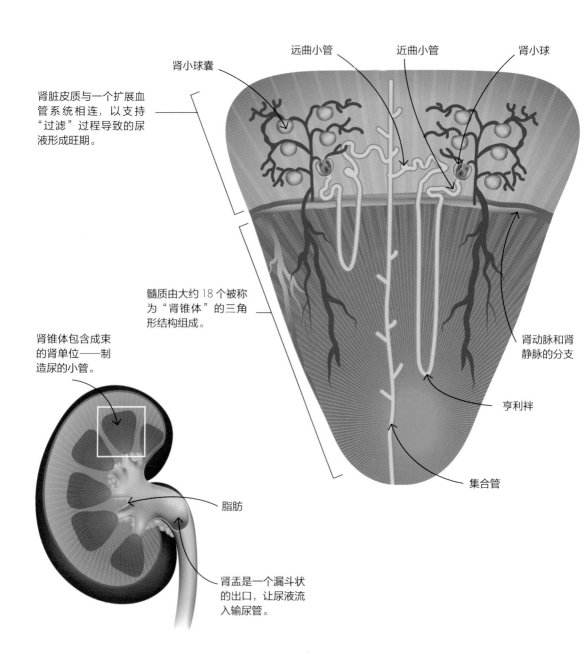

肾小球囊

远曲小管　　近曲小管　　肾小球

肾脏皮质与一个扩展血
管系统相连，以支持
"过滤"过程导致的尿
液形成旺期。

髓质由大约 18 个被称
为"肾锥体"的三角
形结构组成。

肾动脉和肾
静脉的分支

肾锥体包含成束
的肾单位——制
造尿的小管。

亨利祥

脂肪

集合管

肾盂是一个漏斗状
的出口，让尿液流
入输尿管。

↑　肾的横截面，其中一个肾锥体
　　的特写。

肾单位的肾小球和肾小囊，从血液中收集滤液
进入肾单位。

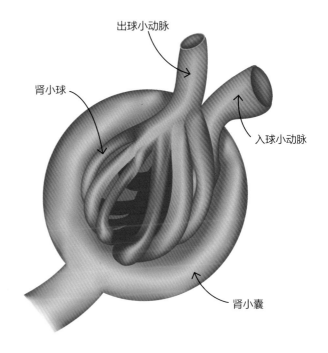

出球小动脉

肾小球

入球小动脉

肾小囊

液。根据你身体的含水状态，最终的尿量和成分是不一样
的，取决于许多因素，包括环境温度、活动水平、饮食和水
的摄入量。一旦尿液形成，随后便会从肾脏排到输尿管和
膀胱。

肾脏的秘密

· 肾脏的大小不超过一个标准鼠标。
· 心脏泵出的三分之一的血液会被直接输送到肾脏，所以自不必说，大部分废物都会被重新吸收回血液。这么大的量是必要的，因
  为像尿素那样的废弃物浓度相对较低。
· 过滤的表面积是按两个肾脏的肾小球表面积的总和计算的，大约相当于一个正常大小的家用浴缸的表面积。
· 肾脏也会激活体内的维生素 D，但这只是最后的手段。如果你的皮肤细胞不能借助阳光照射产生维生素 D，那么肝脏就会取而代
  之。如果你的肝脏不能产生维生素 D，你的肾脏就会接过这项工作。
· 夜间到达膀胱的尿液量大约会减少 50%，部分原因是抗利尿激素的释放导致肾小管细胞的渗透性增强，将更多滤液重新吸收回
  血液。

透析及肾移植

透析是在肾功能衰竭的情况下采用的一种替代肾功能的人工手段。然而，这种治疗的间断性特征意味着它对血液含量的调节不能像肾脏那样精确。在肾功能改善之前，透析可暂时用于急性（突然、短暂和严重的）肾功能衰竭。

从理论上讲，如果你患有慢性、长期肾功能衰竭，肾移植是理想的治疗形式。但现实情况是，在找到合适的供体（如果有的话）之前，患者需要长期接受透析。1954 年，约瑟夫·史密斯和他的团队在波士顿进行了第一例成功的肾脏移植手术。时至今日，肾移植已经成为治疗肾功能衰竭的一种广泛的手段。通常会把一个肾移植到受者的髂窝里，因为一个肾便足以供生命所需，而这个单独的肾最终将承担两个肾的角色。

事实上，一个功能正常的肾脏只需发挥其 75% 的功能，就足以令人舒适地活下去了。被移植的肾保留了肾动脉、肾静脉和输尿管，但神经供应将被切断。所以怎样确知被移植

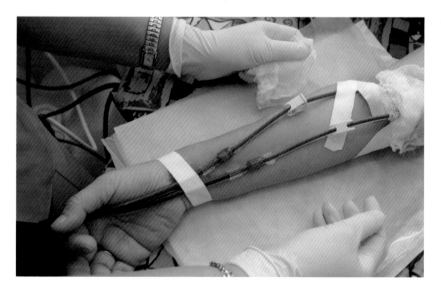

← 透析指的是从手臂的静脉抽取血液进行人工过滤，然后通过另一条手臂静脉将血液送回身体。

第九章 泌尿系统

肾脏的运转情况呢？它将如何应对接受者产生的激素？怎么帮助维持身体溶质的正确平衡和水分含量？如果肾神经是肾脏机制的调节核心的话，肾移植就会出现更多问题。然而幸运的是，激素是肾功能的主要协调者。

被移植的器官不会立即恢复正常功能，受体需要注意是否有异常迹象。当然，永远不能排除受体的免疫系统会破坏并排斥肾脏的可能。出于这个原因，受体需要服用免疫抑制剂，直到临床团队确定移植成功为止。

输尿管

输尿管是一条薄薄的肌肉管，长约 30 厘米——一把尺子的长度，每个肾脏有一条输尿管与膀胱相连。输尿管主要是由光滑的（非自主）肌肉构成，所以当你的尿液在其中通过时，部分是被蠕动收缩的力推动的，部分也是由重力辅助推动的。

肾结石

通常，肾结石主要由钙和尿酸组成，因为它们溶解度低，这就意味着它们不易溶于水。如果你居住在硬水区，只需看看水壶里或花洒周围，就知道钙是如何积聚的了。当尿液中的钙和尿酸浓度非常高的时候，就会发生沉淀。结石可能在泌尿道的任何地方产生，造成肾盂或肾单位的阻塞，导致尿液无法排出（尿潴留），致使肾积水，产生巨大的痛苦。结石也可能在输尿管甚至膀胱内形成，妨碍尿液的排空。有记录以来，最大的肾结石有椰子般大小，重达 1.1 千克。可以采用治疗性超声波打碎结石，或采取手术移除结石的治疗方法。

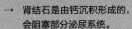
→ 肾结石是由钙沉积形成的，会阻塞部分泌尿系统。

膀胱

膀胱是一个中空的小型肌肉器官，有"可膨胀的"内层，允许膀胱在充满尿液时扩张伸展。

膀胱的一系列折叠物引发加剧自主神经的紧张，这种神经紧张的相互作用决定了膀胱的伸展量。与胃壁里的折叠物的名称一样，这些折叠物被称为"皱襞"，控制着膀胱的肌肉壁。在膀胱空的时候，它看起来像一个泄气的气球，而充满尿液时会变成梨形。

尿的排出被称为"排尿"（或通俗说法"尿尿"），是膀胱肌壁和内括约肌的非自主（植物性）神经控制，以及外括约肌非自主（躯体）神经控制相互作用的结果。膀胱拥有光滑的、由非自主神经控制的肌肉壁。膀胱充满时，肌肉壁的伸展会引发排尿反应。成人膀胱的平均尿液容量约为600—700毫升。当膀胱壁极度扩张时，不仅会激活牵张感受器，也会激活疼痛感受器。你甚至可能发现自己已开始间歇性地、似乎无法控制地交叉双腿了——这时你需要尽快找到厕所！

排空膀胱需要放松两块括约肌。内括约肌是由植物性神经系统控制的，我们对它的自主控制微乎其微；但外括约肌是处于自主控制下的——前提是在学会如何控制它之后。我们可以通过"如厕训练"鼓励幼儿学习、训练对外括约肌的控制。控制外括约肌需要成熟的大脑区域参与，这就意味着一岁半到两岁以前的幼儿通常做不到。

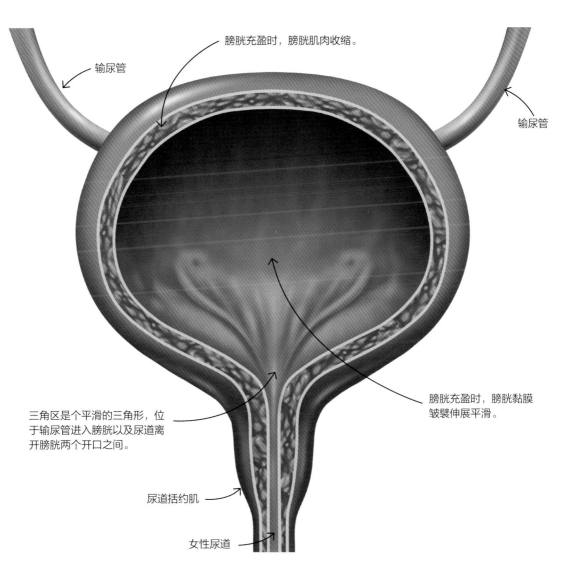

膀胱充盈时，膀胱肌肉收缩。

输尿管

输尿管

三角区是个平滑的三角形，位于输尿管进入膀胱以及尿道离开膀胱两个开口之间。

膀胱充盈时，膀胱黏膜皱襞伸展平滑。

尿道括约肌

女性尿道

↑ 输尿管将尿液排入膀胱，当更多的尿液流入膀胱时，膀胱就会扩张。

尿道

尿道是根管子，从膀胱的颈部延伸到体外。尿液只有在膀胱内外括约肌都放松后才能进入和通过尿道。男性尿道长约 20 厘米，贯穿阴茎，在它的顶端打开。作为泌尿生殖系统的一部分，除了排尿功能，男性尿道在射精时还能为精液提供出口。女性尿道则较短，约 4 厘米，位置在阴道口前，只提供排尿功能，不是女性生殖器的一部分。

↓ 膀胱充盈时会发出强烈的信号，告诉你赶快厕所！

膀胱的秘密

· 膀胱可以轻松容纳平均约 0.5 升的尿液，相当于两杯尿的量，你甚至都觉察不到它在膀胱里。

· 为了排出身体日常产生的有毒废物，科学预估我们每天需要排出的尿量为 440 毫升。这就是常说的强制性水流失。

· 即使身体含水量正常，通常你每 3—4 小时也会排一次尿（每天 6—8 次）。

· 整夜不起床小便也是正常的。老年人可能每晚起床一次，但不用担心，因为这仍是相当正常的。只有当你晚上起来小便 3 次以上时，才有必要看医生。

· 酒精饮料、咖啡、含咖啡因的茶，以及橙汁或葡萄柚汁会刺激膀胱，使你更频繁地小便。

肾脏的秘密功能

通过其过滤活动，肾脏对人体的许多重要活动有着"连锁影响"。

肾脏的众多作用之一就是维持血液中钾、钠和钙等离子的平衡。这意味着肾脏对所有的神经冲动调节也至关重要，例如那些维持我们生命的关键冲动，其中便包括那些参与维

这位短跑运动员的许多动作都与肾脏有关，包括控制肌肉的神经信号、肌肉本身的收缩，以及她的呼吸频率和心率。

持心律的冲动。另外，不要忘了所有肌肉收缩时都需要神经冲动，这些离子对收缩本身也极其重要！它作用于身体的所有肌肉，不仅是那些连接到你的骨骼上的肌肉，还包括肠道肌肉、呼吸肌肉等。

在排泄氢和碳酸氢盐离子时，肾脏发挥着调节体液酸碱度的重要作用，也就是说，它们与酶能否有效发挥作用有关，间接参与着体内所有的化学反应。

此外，如果需要，肾脏也可以在激活维生素 D 方面发挥作用，而维生素 D 是肠道吸收钙所必需的，所以，肾脏在保持骨骼和牙齿的良好状态方面也发挥着作用。

肾脏也是内分泌腺，会在需要制造红细胞时产生一种叫作"红细胞生成素"的激素，还会产生另一种叫作"肾素"的激素，对调节血压至关重要。

第十章

生殖系统

繁殖

到目前为止，本书所展示的都是器官系统如何运作以维持身体健康，这一过程被称为"体内稳态"。生殖系统对于维持"体内稳态"也是必不可少的。

在细胞层面，繁殖（或称"有丝分裂"）可以视为自我调节的过程。在这一过程中，当细胞达到最佳大小，需要被替换或生命已走到尽头时，它们就会分裂。本书这一章将专

注于讲解细胞的繁殖。它是人类组织成长、发育、特化的一个必要历程，在你出生前就需要经历的发育分界点。然而，它是从组织的有机体层次开始的，在这个层次上，繁殖对物种的生存至关重要。

青春期触发器

在青春期之前，生殖功能是不活跃的。青春期就像是产生雄性和雌性激素的"触发器"，"启动"并持续开展这一发育阶段。两性生殖的共同目标是产生后代，他们的活动却截然不同。男性每天制造大量精子，产生一种叫作"精液"的混合物，伴随射精过程离开身体。

女性制造卵子（次级卵母细胞）并使之逐渐成熟，通常每个月释放出一颗卵子（排卵）——也有时候每个卵巢都会释放一颗卵子。性交后，精子和卵子可能会在所谓的"受精"的过程中融合，产生被称为"受精卵"的后代。在受精过程中，女性和男性是平等的伙伴。但在那之后，女性接管为婴儿提供生命维持系统的重任，直到婴儿出生。

←　有性生殖需要来自父母双方的遗传信息以繁殖后代。

男性生殖系统

    男性生殖系统用于制造精子并将其输送到女性生殖系统处。它还会产生雄性激素，调节与青春期有关的生理变化。

    阴茎、阴囊和睾丸构成男性的外生殖器。阴茎由一个与身体相连的根部和一个伸出的杆状物组成，杆状物的末端是一个大的敏感尖端，被称为"阴茎头"。杆状物上覆盖着一层薄薄的、无毛的皮肤，其中含有肌肉纤维，折叠形成包皮。包皮附着在阴茎下方的阴茎头上，形成一个皮肤脊，即系带，其中含有一条小动脉。包皮能够使阴茎头保持湿润和敏感。

阴茎内部结构

    阴茎内含有尿道和三大块海绵状勃起组织。在性唤起期间，海绵状组织内的空间扩张并充满血液。这种扩张会挤压阴茎的静脉，所以大部分流入阴茎的血液都会留在那里。此时尺寸变大的阴茎也会变得坚硬。这种勃起使圆柱形的阴茎得以进入女性生殖系统的开口，通过性交将精子射入女性体内。

    阴茎还参与通过尿道将尿液排出体外的过程。射精是一种无意识地自主神经反射，会令膀胱出口关闭。这一动作可以阻止尿液和精液在尿道中混合——那样会杀死精子，同时也可以阻止精液进入膀胱。阴囊是一个松散的皮肤袋，比身体其他部位的皮肤皱褶更多、颜色更深。阴囊中隔将其分为左右两腔，其中各含有一颗睾丸。

道球腺在射精前
释放出厚厚的、
明的碱性黏液，
以中和尿道中酸
尿液的痕迹，并
性交前和性交中
滑阴茎末端。

茎是性交和勃起的器
。在性唤起过程中，
茎会膨胀和伸长。男
尿道的开口通常位于
茎头的顶端。

茎头是阴茎最敏
的部位。

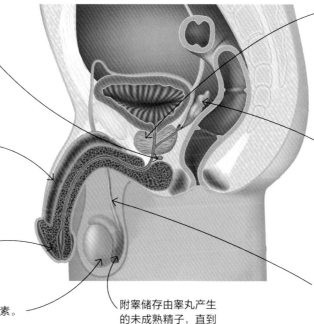

前列腺会释放出一
种稀薄、乳白色的
碱性分泌物，这种
分泌物可液化精液，
使精子能最大程度
地发挥其运动能力。

精囊中含有一种
糖，是精子维持尾
部摆动所必需的基
本燃料。

输精管将精子输送到
尿道。

睾丸制造精子和性激素。

附睾储存由睾丸产生
的未成熟精子，直到
它们被释放至输精管
或回收。

↑ 男性生殖系统由两颗睾
丸和输送精子进入阴茎
的管道组成。

睾丸

　　精液中的精子是由睾丸制造的。睾丸悬挂在身体外部的阴囊里，阴囊比身体其他部分温度略低，这对于精子的正常制造至关重要。睾丸储存精子，直到精子被释放至体外，或者被分解回收。睾丸中也含有内分泌组织，会产生和释放雄性激素。

　　其他生殖器官可以保护精子，促使它们发育成熟，并帮助它们排出体外。这些器官包括输精管、尿道以及各种分泌腺，包括前列腺、精囊腺和尿道球腺，这些腺体负责制造组成精液的化学分泌物。

精子发生

　　一对卵形睾丸内部有无数小叶。每片小叶中都含有曲细精管，负责制造精子。发育中的精子细胞间还分布着一种特定的细胞，以支持、滋养和保护发育中的精子细胞。

　　精子的细胞核中含有父亲的遗传物质，精子中端含有许多线粒体，为尾部的运动提供能量。

　　曲细精管制造精子的过程，是由大脑的前脑下垂体释放出的促卵泡激素（FSH）调节的。垂体前叶分泌激素（LH）控制着睾丸对雄性激素的释放。睾酮是睾丸产生的主要雄性激素，在青春期的第二性征发育过程中起着重要作用。

　　精子生成后，要沿着 8 米长的输送管前行！在到达阴茎的路上，精子会经过附睾、输精管和尿道。附睾是一团缠绕在睾丸后面的管子。在这里，精子的尾部发育出游泳能力，开始变得有生殖能力了。附睾也是精子的临时储存场所，直

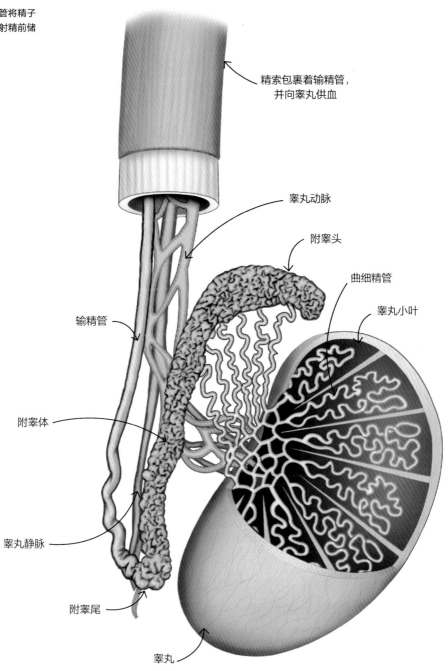

在睾丸内，曲细精管将精子
运送到附睾，并在射精前储
存在附睾里。

精索包裹着输精管，
并向睾丸供血

睾丸动脉

附睾头

曲细精管

睾丸小叶

输精管

附睾体

睾丸静脉

附睾尾

睾丸

睾丸

到它们被化学分解，成分被回收，或者在男性勃起时被释放到输精管中，然后射精。

输精管起于附睾，在膀胱后面汇入射精管——男性生殖系统的下一个部分。这些导管的肌肉壁会收缩并将其内的物质排入尿道。

射精发生时，睾丸的蠕动收缩蔓延到输精管和附属腺体——前列腺、精囊和尿道球腺。与此同时，膀胱出口关闭。阴茎的肌肉收缩，精液通过尿道排出体外。附属腺体的分泌物可以为精子提供活动所需的营养物质，激活精子，还能抵消女性生殖道酸性环境的影响。

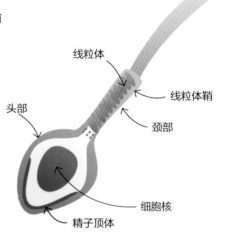

尾部

线粒体

线粒体鞘

头部

颈部

细胞核

精子顶体

↑ 每个精子都有一个像尾巴一样的突出物以推动自身行动

生殖细胞形成

生殖细胞这个名字，来源于雄性和雌性生殖细胞（精子和卵子，卵子也被称为"卵母细胞"）的制造。生殖细胞是由一种特殊的细胞分裂形式产生的，被称为"减数分裂"。基本上，这种类型的细胞分裂可以确保精子和卵子所包含的染色体数目只有它们的母细胞的一半。也就是说，母细胞有 23 对染色体，它的生殖细胞便有 23 个染色体。这样就能确保精子和卵子在受精时结合在一起，受精卵中染色体数量恢复到正常的 23 对。

此外，由于染色体是由基因组成的，每个生殖细胞在形成时都将随机继承母细胞中的一半基因。简而言之，这就是我们与父母和兄弟姐妹长得相像的原因，因为父母基因以这种方式混合在一起，才会在受精后制造出一个你。

男性生殖系统的秘密

· 通过包皮环切术切除包皮后，阴茎头处的皮肤就会失去其柔软、湿润的质地。纤维蛋白沉积在阴茎头上，使它变得更像正常的皮肤，可能会丧失部分性敏感度。

· 促卵泡激素和黄体生成素这些名字，是根据它们在刺激女性卵泡生成以及制造黄体中的作用而命名的，但它们也确实存在于男性体内。

· 精子的产生始于青春期，贯穿于男性的一生，而卵子的产生始于青春期，止于更年期。

· 输精管切除术包括切断或捆绑输精管。之后睾丸仍然能够产生精子，但无法排出体外。最终精子会死亡，成分被附近的细胞回收。尽管这个手术会使男性不育，但仍然能够在性交时射出由附属腺体分泌的分泌物。

→ 输精管切除术包括切断和（或）结扎从两颗睾丸发出的输精管，防止精子进入阴茎。

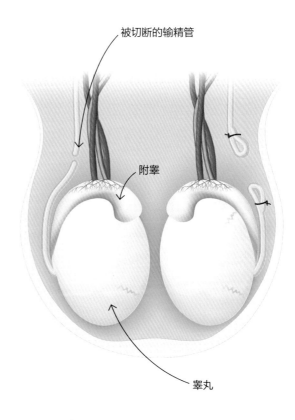

被切断的输精管

附睾

睾丸

↓ 睾丸直到老年都会持续制造精子。

睾丸癌和前列腺癌

虽然罕见，但是在睾丸推迟降入阴囊或未降入阴囊的人群上睾丸癌的概率，比其他人要高出 20 倍以上。大多数睾丸癌发病于生精细胞。

在男性癌症病例（恶性肿瘤）中，睾丸肿瘤约占 2%，这是 20 多岁的男性人群中最常见的癌症。

因此，男性应经常自我检查睾丸，发现睾丸异常或变大后应尽快告诉医生，即使这不一定就意味着恶性肿瘤。

前列腺癌

前列腺是人体中唯一一个会随着年龄增长而持续增长的器官或腺体，这种增长可能会在排尿过程中阻碍尿流，产生疼痛。前列腺位于膀胱下方，就在直肠的前面。医生可以透过直肠壁进行指检，感知它的大小。

前列腺癌是男性癌症死亡的常见病症之一，但很少有人会在 50 岁前患上前列腺癌。遗传是一个广为人知的风险因素。因此如果近亲中有患前列腺癌的人，自己患病的风险也就更大。而且似乎存在某种联系：如果几个女性家庭成员患了乳腺癌——尤其是发病年龄均在 40 岁以下，这些癌症就有可能是相同的遗传联系。

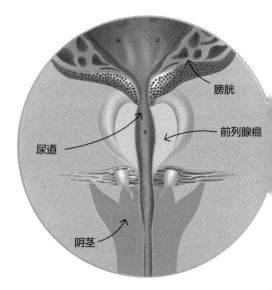

↑ 一个"正常"的前列腺位于膀胱下方和尿道周围，不会减小尿道的直径。

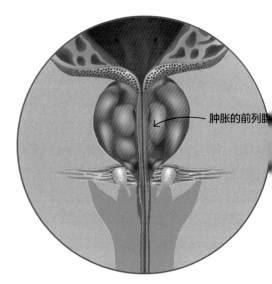

↑ 患上前列腺癌时，肿胀的前列腺会挤压尿道，使其直径缩小，并减缓尿液流出体外的速度。

膀胱

前列腺癌

尿道

阴茎

肿胀的前列腺

女性生殖系统

女性生殖系统由阴蒂、阴道、子宫颈、子宫、输卵管和卵巢组成。女性生殖系统不仅会产生卵子，还能为发育中的后代提供一个"家"。

女性生殖系统包含内、外性器官。外生殖器（阴户）由阴蒂、大阴唇和小阴唇组成。成年女性的外阴被阴毛覆盖，

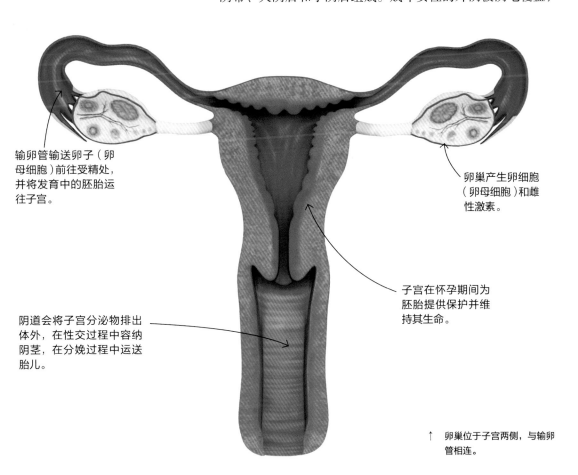

输卵管输送卵子（卵母细胞）前往受精处，并将发育中的胚胎运往子宫。

卵巢产生卵细胞（卵母细胞）和雌性激素。

子宫在怀孕期间为胚胎提供保护并维持其生命。

阴道会将子宫分泌物排出体外，在性交过程中容纳阴茎，在分娩过程中运送胎儿。

↑ 卵巢位于子宫两侧，与输卵管相连。

它有助于调节生殖器周围的气流和温度，并捕获信息素——与性吸引力有关的化学物质。阴蒂可类比男性生殖器的阴茎头，与阴茎头有着类似的结构。小阴唇是一对围绕着阴道入口的薄而红的皮肤皱褶。两个的大小和形状不同，其中一个往往比另一个长。大阴唇在两侧围绕着小阴唇。

处女膜

处女膜是一种薄膜，可以在一定程度上关闭年轻女孩未发生过性行为的阴道入口，并允许分泌物和月经通过。经过青春期之后，处女膜通常在运动、性交或插入卫生棉条时被正常撕开。

内生殖器

内生殖器包括阴道、子宫、输卵管和卵巢。

阴道连着外阴和上生殖道，是一个可膨胀的器官，可作为月经期间排出血液的通道以及分娩通道，这也是它经常被称为"产道"的原因。阴道也是性交时阴茎和精液的容器。正因如此，它的体壁主要由非自主肌组成，其折叠内层可被黏液润滑，以促进性交。

阴道的分泌物是酸性的，因此提供了一个防止任何潜在微生物进入阴道的敌对环境。这个酸性区域对精子也是不利的，然而，精液的碱性可以中和这种酸性，从而保证精子的存活——但也只能算部分成功，因为大多数精子在中和过程生效之前就死去了。

子宫

子宫是一个肌肉发达、上下颠倒、中空的梨形器官，由穹隆状的底区、主体区以及被称为"子宫颈"的颈区组成。

子宫颈向下便是子宫下方的阴道。子宫壁由一个外层（子宫浆膜）、一个厚厚的肌肉层（子宫肌层）以及内层的子宫内膜组成。

按功能划分，子宫内膜有两层：

·内侧功能层，在月经周期的前半期增厚，血液供应丰富。如果没有受精，这一层的一部分会在月经期间被移除，从阴道的开口处脱落。

·外侧底层，月经期间不脱落，但与子宫内膜功能层在月经周期后半期的替换更新有关。

子宫是受精卵着床、孕育胚胎和胎儿发育的地方，也是胎儿的出生地。在这段时间里，子宫的大小会发生巨大变化，从"正常"的非怀孕期大小，逐渐增加到怀孕期大小，以容纳不断增长的胎儿，它的大小在胎儿出生前达到最高峰。子宫颈是连入阴道的。怀孕后，子宫颈会关闭以孕育子宫中的胚胎，直到胎儿出生。分娩时，子宫颈会变宽，允许胎儿进入阴道。

卵巢

人体拥有一对卵巢，大约有杏仁核的两倍大，位于发育中的肾脏附近的后腹壁，在胚胎发育过程中会下降到骨盆边缘以下，并在那里停留。卵巢由韧带固定，韧带将卵巢连在子宫两侧和骨盆壁上。卵巢负责产生精子的"姐妹"细胞——卵母细胞（能发育成一个成熟的卵子细胞），还会产生雌性激素（孕激素、雌激素），调节子宫内膜内组织的生长，刺激乳房，为孩子出生后产奶（哺乳）作准备。

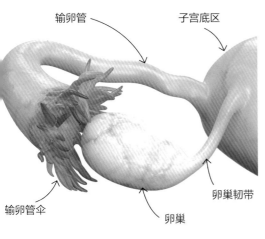

输卵管　　　　　　　　子宫底区

输卵管伞

卵巢韧带

卵巢

输卵管伞是像手指一样的突起，从输卵管入口伸出。它们在排卵期充当向导，确保排出的卵子能够进入输卵管。

月经周期

　　月经周期是指未怀孕女性的子宫内壁（子宫内膜）以及乳房根据卵巢所释放的激素的变化水平出现的周期性变化。

　　每个月，子宫内膜都会作好接受受精卵的准备。这种准备对妊娠期胚胎和胎儿的发育至关重要。

　　但是，如果没有受精，子宫内膜的一部分就会脱落并随着经血一起流出。

　　卵巢周期则与变化为伴，例如月经周期中卵子（学名"次级卵母细胞"）的成熟和排出。这两个周期是由大脑的垂体前叶分泌的促性腺激素（FSH 和 LH），以及卵巢分泌的

↓ 排卵期，卵巢释放出成熟的卵子。

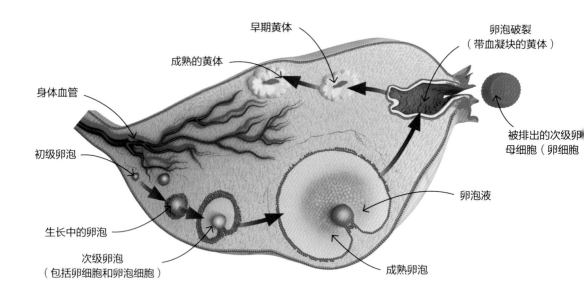

早期黄体

成熟的黄体

卵泡破裂
（带血凝块的黄体）

身体血管

被排出的次级卵母细胞（卵细胞）

初级卵泡

卵泡液

生长中的卵泡

次级卵泡
（包括卵细胞和卵泡细胞）

成熟卵泡

雌性激素和孕激素一起调节控制的。月经周期通常为 28 天，然而，基于个人对环境因素（如压力和感染）的不同反应，个体的月经周期可能会比这个时间短一点，也可能长一点。月经周期会在更年期完全停止。

月经周期始于第一次出现经血。这一过程是在子宫内膜发生的，在前一个周期延续下来的增强的血液供应影响下，子宫内膜开始脱落。这种情况通常会持续四五天。在月经前和月经期间，雌激素和黄体酮的释放会减少，缺少这些激素会刺激子宫内膜脱落。这些卵巢激素分泌的减少，会刺激垂体前叶增加分泌促性腺激素（FSH 和 LH），这反过来又刺激了下一个月经周期的到来。成熟卵子（次级卵母细胞）的释放过程被称为"排卵"，通常在月经周期的中间进行。

卵巢问题

卵巢囊肿为一种液体囊，通常是良性的（非癌性），很少发展为恶性，往往在出现后的几个月内消失。然而，有些是恶性的，或者随着时间的推移出现癌变。卵泡囊肿和黄体囊肿是两种比较常见的卵巢囊肿。当排卵过程中出现"故障"，囊肿就会出现。卵泡囊肿是由排卵时未完全破裂的卵泡发育而来，而黄体囊肿则是在月经周期的后半段未能正常退化的黄体发育而来的。囊肿大小不一，小到比甜豆还小，大到像网球一样。

卵泡囊肿是两种囊肿中较小的一种。只有少数囊肿会引起问题，比如下腹持续或间歇性疼痛，以及不规则的月经周期，过多或过少的月经量。多囊卵巢综合征的意思即是卵巢中有"许多囊肿"。

这些囊肿是由于激素失衡引起的排卵问题导致的。其确

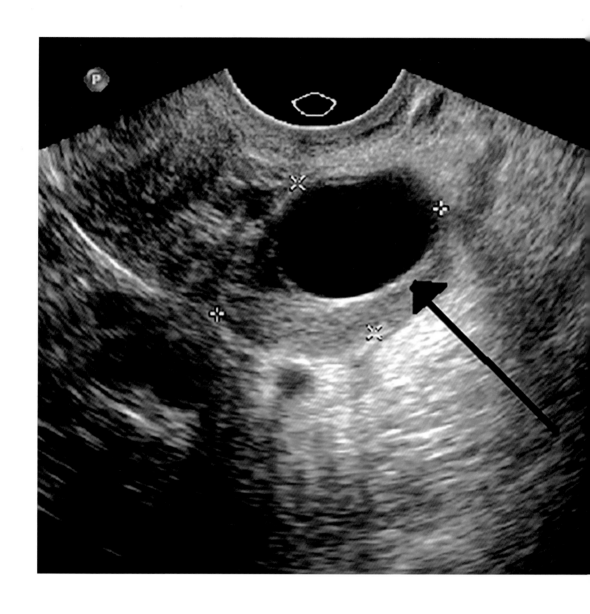

切成因尚不清楚，但囊肿内的腺细胞本身会导致进一步的激素失衡。这种综合征与许多经期问题有关，例如生育能力下降、毛发生长、肥胖和痤疮。

↑ 这个超声波扫描显示出一个卵巢囊肿（箭头指向的黑色空间）。由于大多数卵巢囊肿没有任何症状，许多囊肿都是经偶然的机会被诊断出来的，例如在常规身体检查中。

女性生殖道的秘密

· 巴氏涂片可以早期发现宫颈细胞癌变。然而，绝大多数异常的巴氏涂片都是由于感染炎症造成的。

· 每个月，（在 FSH 的影响下）100—150 个卵子开始在卵巢内成熟，虽然到最后只有一个完全成熟。

· 如果卵子受精，怀孕和胎盘的发育会释放出一种激素，叫作"人绒毛膜促性腺激素"（HCG）。这种激素的存在会使妊娠试验呈阳性。

· 绝大多数女性都完全意识不到排卵。但是有些人可能会感受到低腹痛——通常发生在排卵的卵巢附近。这种疼痛是由肿胀的卵泡内的压力导致的。

· 通常每月只会释放一个卵子。不过也会出现异卵双胞胎情况，即两个卵子同时排卵，每个卵子来自不同的卵巢。

· 卵子不是交替地从每个卵巢排出，而是以不规则和不可预测的模式从任意一个卵巢排出。

↑　大约每 250 个新生儿中就有一对是同卵双胞胎。

受孕

排卵后，由输卵管的漏斗状末端收集次级卵母细胞，然后将其运送到子宫中，其间可能会受精。

输卵管有纤毛内壁，这些纤毛的蠕动能够帮助卵母细胞沿着输卵管前行。每根输卵管中都有一层肌层，它以波动的形式收缩，形成蠕动，这也有助于卵母细胞的移动。次级卵母细胞遇到精子，受精后就变成了卵子。而在卵子中，精子和卵母细胞的细胞核（包含父亲和母亲的染色体）仍然是分离的。只有当细胞核结合，亲代染色体结合在一起时，这种经过受精的单细胞产物才会被称为"受精卵"——这种细胞会发育成胚胎，而只有在胚胎植入子宫内膜后，才算得上怀孕。月经和卵巢周期的激素控制必须促进子宫内膜生长，在子宫内膜作好胚胎植入的准备后刺激排卵，进一步提高子宫内膜的营养供给，防止其脱落。这些都有助于保证胚胎的植入，还能在没有受孕（受精）时，促使子宫内膜脱落。

→ 精子只有卵母细胞的数百分之一大小，只有一个精子能够完成全部旅程，令卵母细胞（卵子）受精。

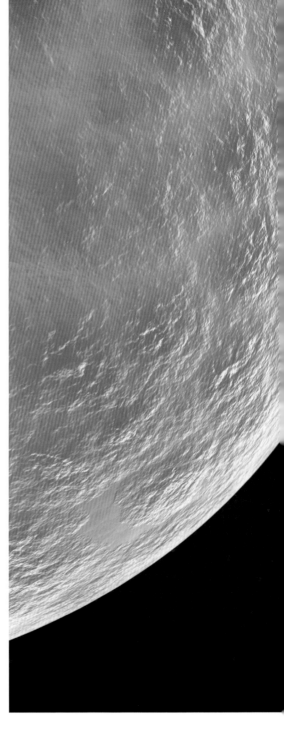

第十章 生殖系统

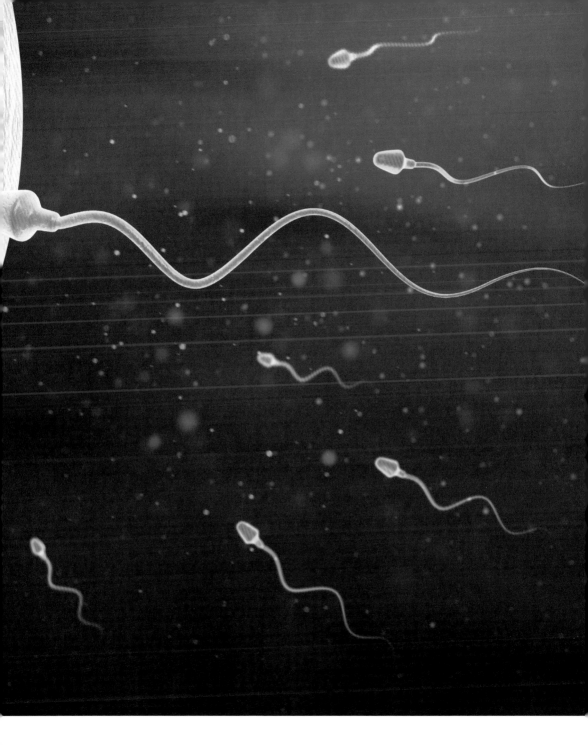

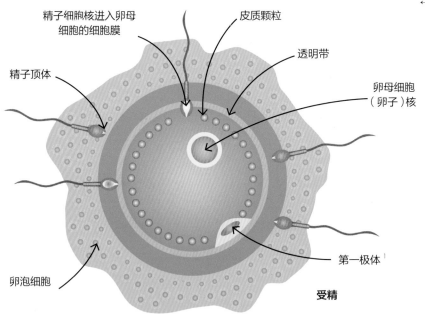

精子细胞核进入卵母
细胞的细胞膜

皮质颗粒

透明带

精子顶体

卵母细胞
（卵子）核

卵泡细胞

第一极体

受精

← 为了使卵母细胞受精并完
成受精过程，单个精子必须
进受到保护的卵泡细胞，
穿过卵母细胞自身的细
膜，将其遗传信息释放到
子中。

---

1 雌性生殖细胞在形成过程中会经过两次减数分裂，形成一个大型的单倍体
卵细胞和2—3个小型的细胞，第一次分裂形成的小型细胞叫作第一极体，同时
形成的大型细胞即次级卵母细胞。

精子、卵子和受精的秘密

· 你知道吗？精子的制造从男孩的青春期开始并贯穿一生；而在卵子的制造过程中，所有未成熟的卵子（大约 75 万个），早在女
孩出生之前就已制造出来了。

· 青春期后的激素变化会刺激卵子成熟。

· 一旦月经周期确定，只有大约 500 个未成熟的卵子（被称为"初级卵母细胞"）会按月逐次开始周期性发育。其余的卵子则会被
分解，它们的化学成分会被回收，供其他的卵巢细胞使用。

· 通常情况下，一旦精子细胞核穿透成熟卵子的细胞膜，就会建立化学诱导受精膜，消除次级卵母细胞的"吸引能力"，阻止其他
精子进入。精子对"三心二意"不感兴趣！

· 异卵双胞胎是由两个卵子受精产生的，两个卵巢必须同时排卵才能产生异卵双胞胎。

· 而同卵双胞胎是由一个受精卵的细胞分裂产生的。

· 超过一个精子与同一个卵子结合被称为"多精入卵"，会导致胚胎在妊娠早期死亡。

· 从技术上讲，受孕始于精子与次级卵母细胞的融合，在胚胎植入子宫内膜时完成，开始发育胎盘。

子宫发育

受精卵每 11 个小时分裂一次，最终产生一个由 64 个细胞组成的细胞球（桑葚胚），它会随着输卵管内的液体移动，在几天之后进入子宫。

在受精卵沿着输卵管移动的过程中，细胞分裂，数量增加，变成一个复杂的桑葚胚，然后变成囊胚，植入子宫内膜。

这些由受精卵分裂而来的细胞都拥有全部的染色体（23 对）。当桑葚胚到达子宫时，细胞开始分化。有些变成胚胎

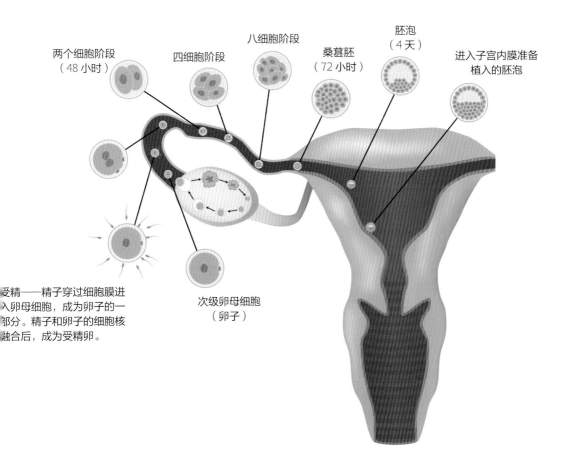

两个细胞阶段
（48 小时）

四细胞阶段

八细胞阶段

桑葚胚
（72 小时）

胚泡
（4 天）

进入子宫内膜准备植入的胚泡

受精——精子穿过细胞膜进入卵母细胞，成为卵子的一部分。精子和卵子的细胞核融合后，成为受精卵。

次级卵母细胞
（卵子）

一种叫作"胎儿皮脂"的光滑脂肪物质的白色外层开始覆盖胎儿，在胎儿长时间浸泡在羊水中时保护胎儿的皮肤。

出生时，婴儿从头到脚平均长度为51厘米，重约3.4千克，已经具备了出生后需要的生理功能。

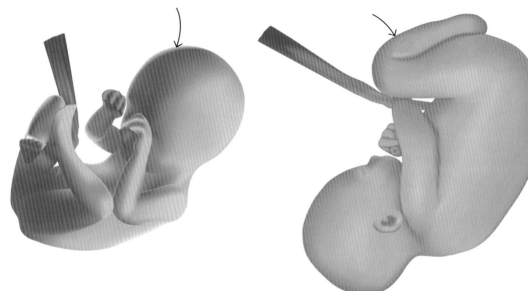

细胞，而另一些则包围胚胎，发育成胎盘和脐带。这些充满液体的细胞球还有一个更广为人知的名称——"胚泡"，在到达子宫3天后植入子宫壁（子宫内膜）。

胚泡中的胚细胞在植入后，会发育出三个细胞层——外胚层、中胚层和内胚层。在这一发育阶段，胎儿的基本身体结构开始奠定：外胚层细胞会发育成外层皮肤（或表皮）和神经系统；中胚层细胞会变成骨骼、肌肉、血细胞和身体的大部分内部器官；内胚层细胞特化为消化系统及其相关器官的细胞。胚胎阶段与器官系统的发育有关，胚胎渐渐呈现出人的形状。这一阶段大多在受精后两个月左右完成，之后将进入胎儿阶段。

↑ 在胎儿发育的最后阶段，未出生的胎儿为子宫外的生活作准备。

在胚胎发育的早期阶段，胚胎特别容易受到有害环境因素（例如药物、某些微生物和酒精）的影响。这些有害因子小得足以穿过具有选择性渗透功能的胎盘，可能导致严重的出生缺陷。值得注意的是，很不幸，在这一阶段母亲甚至很可能还不知道自己已经怀孕了。

胎儿的下一步发育，主要涉及胚胎时期器官的形成、生长和功能成熟，胚胎的体积也会增加 1000 倍。不幸的是，这并不代表此时的胎儿已经摆脱发育缺陷风险了——虽然风险确实下降了。

怀孕

怀孕的时长是从上一次失血（月经）的第一天开始计算的。大约两周后出现排卵，受精完成。因此，婴儿的实际胎龄或发育年龄比通常计算的妊娠期要少两周。因此，当一个妇女怀孕 7 周时，婴儿的妊娠年龄只有 5 周。从受精到分娩的平均时长是 38 周，就是人们通常计算的 40 周妊娠期。

胎盘

- 胎盘是一个薄饼形状的器官，负责胎儿和母体循环之间的物质交换，非常独特，因为它连着两个个体——母亲和胎儿。胎盘在母亲的子宫内形成，通过脐带连到胎儿的肚脐。
- 胎血通过胎盘，吸收氧气和营养物质，并将二氧化碳和其他废物排放到母亲的血液循环中。
- 胎儿出生后，胎盘从子宫分离，成为"胞衣"。

妊娠期

怀孕可以分为三个阶段，统称为妊娠期。第一阶段即1—12周，第二阶段为13—27周，最后一个阶段是28—40周。

前几页介绍了妊娠期第一阶段以及与胚胎向胎儿过渡有关的主要变化。胎盘在怀孕大约12周时发育并具备全部功能，标志着妊娠期第一阶段的结束。

妊娠中期是胎儿最活跃的时期，因为它在羊膜囊中有很大的空间来弯曲、伸展，用手做复杂的动作，甚至翻筋斗。对于母亲（和她的伴侣）而言，这一时期通常是最愉快的怀孕阶段，即使胎儿的运动可能相当活跃。此时大多数怀孕的早期症状已经消失，而胎儿还没有长大到令她不舒服的程度。

在怀孕的最后3个月，胎儿显著增大，重量增大3倍，从910克到3.4千克不等。婴儿体重的增加以及母亲的内脏和皮肤所受到的压力，会令母亲出现一些不舒服的症状：尿频、消化不良、胃灼热和妊娠纹。

↑　在怀孕的最后几周，婴儿的体重和大小会导致母亲行动不便。

妊娠期的秘密

· 在妊娠期第一阶段，婴儿会定期打嗝，以锻炼膈肌和声门。
· 到第20周时，孕妇体重平均会增加4—6千克，实际增加的重量因人而异。
· 一旦早产，24周大的胎儿在重症监护室存活下来的概率很小。
· 胎儿在妊娠期的长度约等于子宫底至耻骨上缘的长度，以厘米为单位测量。所以宫高26厘米接近26周胎龄。
· 单胎妊娠足月为40周，但38—42周分娩也算"正常"。

分娩

母亲即将临盆时，我们说她要"分娩"了。分娩通常可被分为三个阶段：第一产程（宫口扩张阶段）、第二产程（胎儿娩出阶段）和第三产程（胎盘娩出阶段）。

分娩时，催产素和前列腺素会调节子宫的收缩节奏。母亲在早期分娩阶段，宫缩持续时间较短（每个宫缩持续9—14秒），并且两个宫缩之间间隔时间长（通常为30—40分钟），宫缩频率也并不规则。随着分娩过程继续，宫缩的频率会增加，在临近分娩时，每1—3分钟就会出现一次宫缩，每次宫缩可持续长达1分钟左右。

在第一产程（宫口扩张阶段），子宫颈会完全打开，扩张至10厘米——胎儿头部的大小。羊膜破裂释放羊水，这个过程通常被称为"破水"。宫口扩张阶段是分娩中最长的

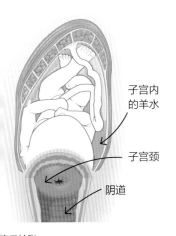

子宫内
的羊水

子宫颈

阴道

宫口扩张
子宫颈打开或扩张到让婴儿头部通过
的程度。

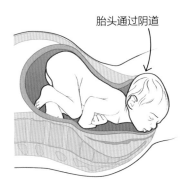

胎头通过阴道

头部娩出
头部通过阴道娩出体外，胎儿的身体弯曲
以便顺利通过。

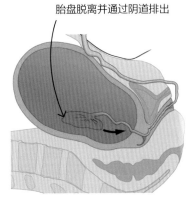

胎盘脱离并通过阴道排出

产后娩出胎盘
胎儿出生大约15分钟后，胎盘和胎盘膜
从阴道排出。

一个阶段，可长达 12 小时。

在第二产程（胎儿娩出阶段），胎儿穿过子宫颈，头部出现在阴道口，被称为"胎头着冠"，之后胎儿将到达外面的世界。初次分娩时这个阶段通常持续约 15 分钟，再次分娩时会持续约 20 分钟。正常情况下，首先娩出的是胎儿头部，需要清除胎儿口鼻上的黏液，这样胎儿才能呼吸。在胎儿身体的其他部位也娩出后，就可以剪断脐带并扎结切口。"臀位分娩"指的是胎儿的臀部先娩出，这会令分娩更加困难，有时需要通过剖腹手术取出婴儿。

之后便是胎盘娩出阶段，胎盘在胎儿出生后约 12—15 分钟从子宫脱出。胎盘组织的完全剥离能够防止母亲分娩后长时间出血。

你的肚脐从哪里来？

在没有外部干预的情况下，脐带在出生后不久就会闭合，以应对温度的突然下降，这一过程伴随着血管的收缩。实际上，血管收缩就像一个天然的钳子，可以阻止血液流动。通常在婴儿出生两周内，脐带的剩余部分开始萎缩并脱落。脐带所在的区域被一层薄薄的皮肤覆盖，形成疤痕组织。这个伤疤叫作"肚脐"。

乳腺

乳腺（乳房）是两性身上都会出现的生殖系统的附属器官。乳房实际上是经过改造的汗腺，因此是皮肤及其脂肪层的一部分。乳房的大小取决于环绕这个腺体组织的脂肪量。

每个乳房都有一个色素沉着的圆形皮肤区域，被称为"乳晕"，包围着一个中央突出的乳头。乳晕的皮脂腺使这一区域略微凹凸不平。哺乳时，这些腺体会分泌皮脂来保持

→ 婴儿出生后不久，脐带就被剪断，留下的一小段大约两周后脱落。

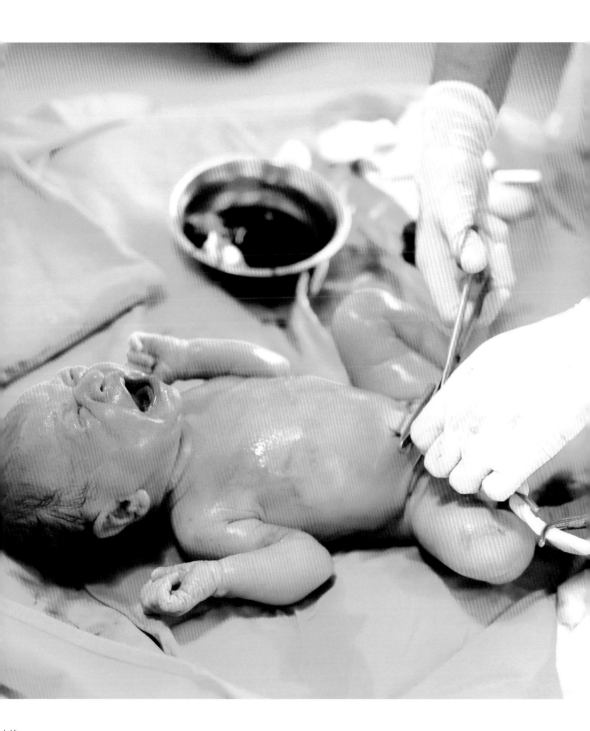

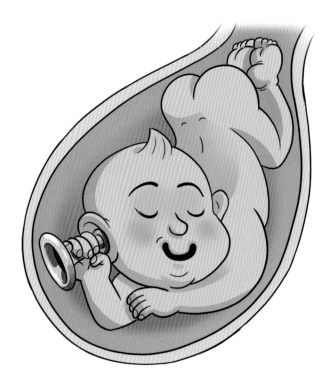

← 你的宝宝在怀孕 24 周左右时就能听到你的声音。因此可以认为他 / 她在出生前就开始学语言了！

婴儿的秘密

- 只有 5% 的婴儿是在预产期出生的，预产期是从怀孕初期开始计算的。
- 新生儿需要充足的睡眠。在头几周，一天 24 小时里婴儿大约要睡 18 小时。
- 你知道吗？母亲的第一个孩子平均分娩时间为 7—9 小时，之后再分娩时平均需要 4 小时左右。
- 大多数足月婴儿的体重约 2.7—4.3 千克。
- 大多数婴儿在出生后的几天中体重会下降 5%—10%，不过绝大多数婴儿在两周后便会恢复到出生时的体重。
- 大约 30% 的婴儿出生时都有一个胎记（常被称为"天使之吻"），绝大多数胎记会自行消失，如果不消失你也不用担心，没有什么危险。
- 出生后的几个月里，每个月新生儿都会长 2 厘米左右。
- 婴儿在水下会自然地屏住呼吸，这有助于他们学习游泳。

乳晕和乳头的润滑。暴露在寒冷的气温、施加触觉刺激（触摸）或性刺激，会刺激乳晕的肌肉纤维，使乳头勃起。每个乳房内部都有 20—25 个形状不规则的腺叶，它们环绕着乳头，每个腺叶与其他波瓣之间都有乳房的韧带将它们分开。

每个腺叶中都有被称为"腺泡"的小叶，这些小叶中含有泌乳细胞。在哺乳期，乳汁从腺泡进入输乳管。输乳管在临近乳头开口处扩大，形成输乳管窦。母乳在"哺乳"期间会在乳管窦中积聚。

未经怀孕、哺乳的女性，乳房和乳管系统是未完全发育的。

青春期的乳房

女孩进入青春期时，乳房虽未发育完全，但卵巢激素（雌性激素和孕激素）的激增会刺激乳腺的进一步发育。雌性激素刺激乳管系统的发育，黄体酮会刺激乳泡区域的发育。由于男孩的肾上腺也会分泌同样的雌激素，也可能导致

在乳房内部，乳腺或乳泡沿着输乳管通向乳头表面开口处。

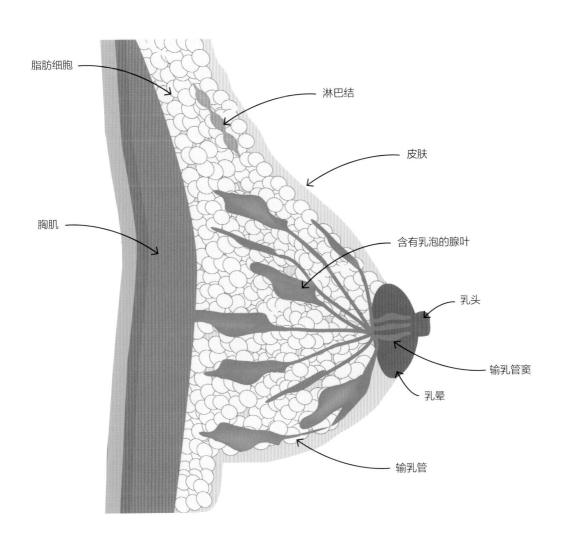

脂肪细胞

淋巴结

皮肤

胸肌

含有乳泡的腺叶

乳头

输乳管窦

乳晕

输乳管

脂肪组织堆积，使乳房看起来变大。在青春期，一些男性由于激素失衡，乳房会暂时变大，受到男性乳腺发育症的困扰。

　　乳房的作用是产生和分泌乳汁，以便为新生儿提供营养来源，所以妇女的乳房只有在怀孕后才具有产生乳汁的生理功能。从青春期开始，乃至在怀孕和哺乳期间，乳房的发育与雌性激素息息相关。然而，要开始并持续哺乳还需要另外两种激素的配合——泌乳素和催产素。它们是从大脑的脑垂体中释放出来的，分别起到刺激泌乳和控制泌乳量的作用。

第十一章

遗传和继承

生命密码

　　人体是由数十亿个细胞组成的，每个细胞在人体内都会进行特定的活动。这种特化主要是由受精时父母传递给你的、独特的秘密遗传信息控制的。

　　基因的活动所起的作用在人的一生中都清楚地显现着，例如，在确定我们的发育阶段和健康参数方面，它的作用不仅局限于疾病领域。父母传给子女的基因疾病高达 3000 多种，尽管它们中有许多非常罕见。你可能听说过那些常见的，例如囊性纤维化和血友病。

　　遗传病通常在婴儿出生时就会显现出来，不过有些遗传基因的影响可能只有在儿童时期甚至成年后才会显露。这是因为基因表达可能会被"掩盖"一段时间。例如，如今我们已经确认，癌症和阿尔茨海默病等疾病的遗传成分只有在较晚之后才会产生问题，因为随着个体越来越多地暴露于与这些疾病有关的环境危险因素中，遗传密码也会产生变化。因此，关于健康有两个重要因素要牢记：首先，你所继承的基因要么影响你在胎儿期的发育，要么导致你在之后更容易受到这些环境条件的影响。其次，基因突变贯穿你的一生。

　　通过对你的家族史进行谱系分析，可以计算出你将遗传病遗传给后代的概率。谱系分析通过追溯几代人的历史来确定家族中是否存在"致病"基因。然而，这项分析只能算出后代带有致病基因的数学概率，因为父母可能是健康的致病基因携带者。因此，往往只有在一个患有遗传疾病的孩子出生时，那对父母才会知道自己是致病基因携带者。直到那时，基因咨询师才能告知他们在未来的怀孕中，这种患病基

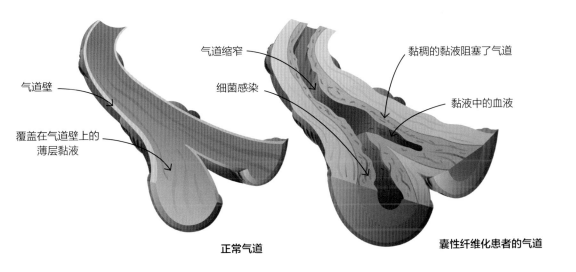

气道缩窄

气道壁

细菌感染

黏稠的黏液阻塞了气道

覆盖在气道壁上的
薄层黏液

黏液中的血液

正常气道

囊性纤维化患者的气道

囊性纤维症是一种遗传病，它会影响肺内的气道，使其变窄，为其覆盖上一层厚厚的黏液。

因会再次遗传的可能性有多大。

先天与后天

　　先天性疾病在出生时就会显露出来，影响身体各部分的发育和生化活动，通常也会影响健康。它们产生于早期胚胎组织的分化失败，而这通常来源于遗传因素。也有可能，它是某个组织在进一步发育过程中出现的缺陷或失败——这同样可能是遗传或环境因素造成的。例如，母亲酗酒、滥用药物或是将某种病毒（例如艾滋病毒）通过胎盘传染给了胎儿；又或者是出现了畸形，例如，组织在生长过程中受到外力，导致某一器官的组织大小或形状异常。

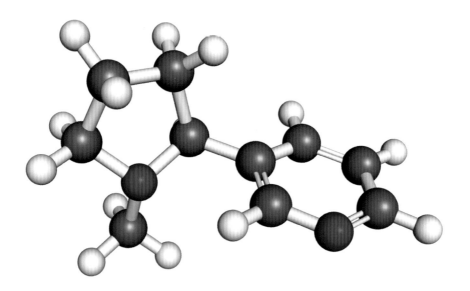

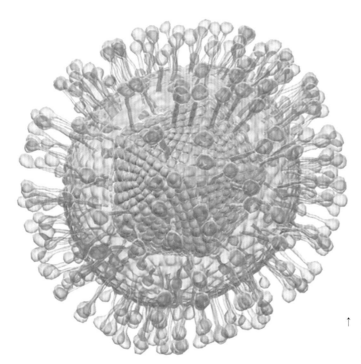

↑ 例如尼古丁（上图）或者水痘病毒（下图）这
样的小分子可以经过胎盘从母体传给未出生的
胎儿。

举个这方面的例子：患有脑积水的胎儿大脑发育会受到限制，因为过多的脑脊液会压迫脑组织，迫使脑组织紧贴颅骨。

因此，组织的分化和发育在很大程度上取决于基因表达和胚胎的实际遗传基因。

基因表达

在胚胎的发育阶段，那些会阻碍细胞的特化和分化，给新生儿带来身体问题的环境因素，被统称为"致畸物"，其中包括那些会改变基因结构的"突变体"，也包括那些会改变基因表达的因子——即本该"关闭"的基因却被"打开"了；反之亦然。

致畸物作为环境因子，有可能以某种形式通过胎盘进入胚胎。致畸物包括母体感染的微生物，例如会引起水痘、肝炎、疱疹、腮腺炎、肺炎、脊髓灰质炎、风疹和结核病的微生物。

所有这些都会增加罹患先天性疾病的风险，有些还会导致胎儿死亡。致畸物还包括大量常见于药物中的化学物质，例如阿司匹林、抗组胺剂、吗啡、D-麦角酸二乙胺、尼古丁、沙利度胺和酒精。其中一些药物对母亲可能相对无害，对胚胎的细胞却可能有着破坏性的影响。缺乏某些化学物质也可能导致畸形。例如，可以通过确保母亲饮食中含有足够的叶酸来降低胎儿脊柱裂的发病率，因为这种维生素在胎儿的神经发育中发挥着重要作用。

遗传学

遗传学是一门研究遗传——父母的特征传给孩子——的学科。那些被称为"表型"的身体特征，例如头发和眼睛的颜色，是可以遗传的；还有那些生物化学特征和生理特征，包括罹患遗传疾病的可能性，也都是可以遗传的。

遗传特征是父母通过生殖细胞传给后代的，所以你的遗传特征在受精时——也就是卵子和精子结合的时候就已经被决定了。每个生殖细胞的细胞核中都有染色体，每条染色体都是由被称为"脱氧核糖核酸"（DNA）的遗传物质组成的。DNA是一种由数千个被称为"基因"的片段组成的长分子。

你所继承的每一个特征，从头发的质地到与生俱来的疾病，都携带着你独特的基因密码。基因在染色体上的位置通常被比作项链（染色体）上的串珠（基因）。每个基因的位置（或位点[1]）是特定的，并且人人如此。深色体在受精过程结合时，卵子中成千上万的基因，都可以与精子中相应的基因结合——你可以把这个过程视为"一见钟情"！

所以你从父母双方那里得到了一组染色体（或者"基因编码"）。这就意味着你所继承的每一个特征都来自两个基因（一个来自父亲，一个来自母亲）。其中一方的基因可能比另一方更有影响力。这种更强大的基因被称为是"显性的"，而影响较小的那种基因被认定为"隐性的"。

这些（显性或隐性的）基因及其所决定的遗传特征，例如棕色或蓝色的眼睛，被称为"等位基因"。遗传到两种不

---

1 Locus，又称基因座。

第十一章　遗传和继

红发基因型是隐性的，棕发基因型是显性的。孩子从母亲那里遗传了一个隐性基因。鉴于孩子与母亲一样长着红头发，那么他从棕色头发的父亲那里遗传过来的一定是一个隐性基因，因为若非如此，棕发基因会超越他的红发基因优先表达出来的。

同的等位基因（显性或隐性），被称为"杂合"。遗传到相同的等位基因，被称为"纯合"。一对（杂合基因型）染色体中的唯一一个显性等位基因，或一对（基因型为显性纯合）染色体中的两个显性等位基因，会被表达出来。但是，只有一对（基因型为隐性纯合）染色体中均为隐性等位基因时，隐性等位基因才能被表达出来。

染色体

　　细胞的染色体组成被称为"核型"。核型学大有用处，因为它可以确定是否存在染色体缺陷——染色体太多或太少，或者在细胞分裂时染色体是否丢失了某一部分或获得了另一个染色体的一部分。然而，它不能提供与细胞的基因构成有关的信息，即所谓的"基因型"，因为这与染色体内部的基因有关。

　　染色体有多种不同的尺寸，并且根据它们在身体内控制的活动不同也有所区分。其中的两条染色体，被称为"性

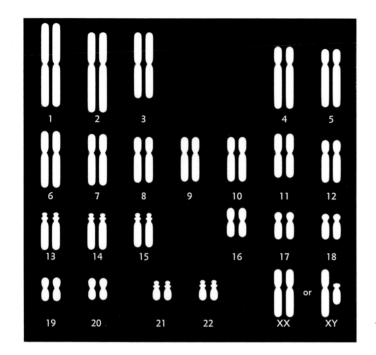

← 组成人类染色体核型的 22 对常染色体和一[X]
性染色体。

染色体",参与胚胎性器官的发育。女性有两条 X 染色体,
男性有一条 X 染色体、一条 Y 染色体。它们的核型分别为
XX 和 XY。剩下的 22 对被称为"常染色体",主要与身体
的非性活动有关。常染色体是根据其大小进行编号的:第 1
对是最大的染色体,第 22 对是最小的。

　　男性制造的每个精子中都含有一条 X 或 Y 染色体。当
一个携带着 X 染色体的精子使卵子受精时,后代是女性;
当一个携带着 Y 染色体的精子使卵子受精时,后代是男性。
所以决定婴儿性别的人是男性。

　　　　　　　　　　　　　　　　　第十一章　遗传和继承

突变是什么？

突变是遗传物质的永久性改变。当一个基因发生突变时，可能产生一种与其原始性状不同的特征。

生殖细胞的基因突变可能在繁殖过程中遗传。有些变化或突变可能导致严重甚至致命的情况。有三种类型的突变：单基因遗传病、染色体遗传病和多因素遗传病。

单基因遗传病

单基因遗传病有三种明显的遗传模式，其中两种经由常染色体遗传，被称为"常染色体显性遗传"和"常染色体隐性遗传"。第三种遗传模式是经由性染色体遗传的，叫作"伴性遗传"。大多数遗传性疾病来自常染色体，因为它们有 22 对，而性染色体只有 1 对。另外，记住显性和隐性的定义，显性基因会在后代身上显现异常的特征——即使只有父母一方有这种基因；而隐性基因则不会显现异常的特征，除非父母双方都带有这种基因并将其遗传给了后代。

遗传预测

显性等位基因通常用大写字母表示，而隐性等位基因则用小写字母缩写。打个比方：一个基因 A，可能的基因型为 AA（显性纯合）、Aa（杂合）或 aa（隐性纯合）。

下面这一简单的方格图叫作"庞尼特氏方格"，借助它我们能够预测某个孩子可能出现某些症状（称为"表型"）的概率。在庞尼特氏方格中，水平轴上是两条来自卵子的母本等位基因，垂直轴是两条来自精子的父本等位基因。每个

→ 这张照片展示了两个没有出现明显患病表征的
父母生下的子女可能受到的潜在影响，父母双
方的一个常染色体上都携带着一个突变的隐性
基因（c）。每个后代将有四分之一的概率出现
囊性纤维化的症状（cc），有二分之一的概率会
成为囊性纤维隐性基因的携带者（Cc 或 cC）。

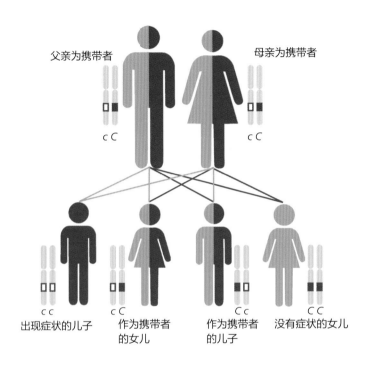

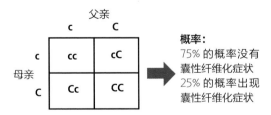

常染色体隐性遗传病

囊性纤维化（CF）
这是最常见的遗传性疾病，特征是肺气道和胃肠道分泌出厚厚的黏液，可能阻塞呼吸道和胰管。CF 基因位于 7 号染色体上。

苯丙酮尿症（PKU）
这种疾病的特点是组织中积累了必需氨基酸——苯丙氨酸。这种病对儿童的威胁尤其严重（因为苯丙氨酸累积会干扰大脑吸收其他的氨基酸，因此减缓大脑发育）。PKU 基因位于 12 号染色体上。

家族性高胆固醇血症（FH）
这种疾病会导致过高的血脂水平，使血管中出现脂肪堆积（动脉粥样硬化），受到病症影响的血管会使流向细胞的血液流量减少。FH 基因位于 19 号染色体上。

其他常染色体隐性遗传的例子
例如直发，金发，红发，雀斑，附着型耳垂，血红细胞膜缺乏 A、B 表面抗原（即 O 型血型），血红细胞膜缺乏恒河抗原（即 Rh 阴性血型），白化病，还有无法将舌头卷成 U 形。

↓ 雀斑是一种无害的常染色体隐性遗传。

小方格中所显示的便是在受精过程中，可能遗传给后代继承的等位基因组合。

常染色体隐性遗传

常染色体隐性遗传是常染色体遗传病的一种，无论后代的性别如何，都会受到影响。

• 如果父母双方都没有明显的患病表征，但都是某种患病的携带者（Cc），他们的后代有四分之一的概率会出现症状（cc）。

• 如果父母双方都出现症状（cc），那么所有后代都将出现症状（cc）。

• 如果父母一方出现症状（cc），但另一方不是携带者（CC），他们的后代将不会出现明显患病表征，但将携带突变基因（Cc）。

• 如果父母一方有出现症状（cc），同时另一方是携带者（Cc），他们的后代将有二分之一的概率会出现症状（cc）。

常染色体显性遗传

• 在遗传模式方面，男性和女性后代出现症状的概率相同。

• 如果只是父母一方是出现症状的杂合型（用一个不出现症状的蓝色小方格和一个出现症状的灰色小方格来表示，见下页图），孩子出现症状的概率是 50%。

• 如果父母双方都是出现症状纯合型（即父母两人都患病，均为透明小方格），他们的所有孩子都将出现症状（因为他们只有透明小方格可以继承）。

→ 这张图片表明了携带隐性正常基因
（蓝色小方格）的母亲，与携带显
性突变基因（透明小方格）的父亲
可能产下的后代。注意这种父母基
因型孕育出的后代有 50% 的概率
会出现症状（一个透明小方格和一
个蓝色小方格组合）。

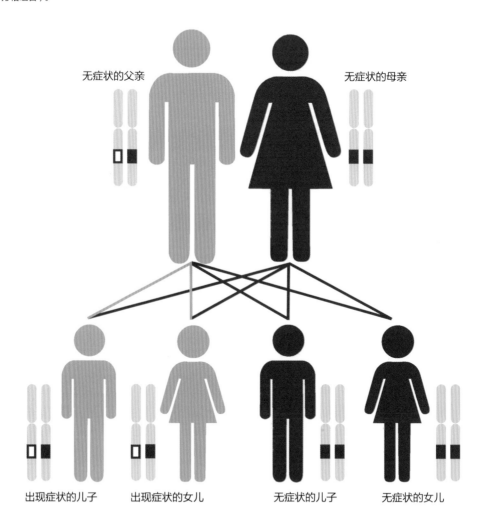

无症状的父亲

无症状的母亲

出现症状的儿子　　出现症状的女儿　　　无症状的儿子　　　无症状的女儿

　　　　　　　　　　　　　　　　　　　　　　　　　第十一章　遗传和继承

常染色体显性遗传条件

视网膜母细胞瘤是一种罕见的眼部肿瘤，发病于单眼或双眼的视网膜。大约50%发生于青少年，另外50%则是生来就患有这种肿瘤。它的基因位于13号染色体上。

亨廷顿病（或亨廷顿舞蹈症）是一种神经系统疾病，但由于一些未知的原因，通常直到40—50岁才会发病。所以一个人可能直到有了孩子之后很久，才会意识到自己有这种遗传，也就意味着他们很可能会把它遗传给孩子。这种疾病的特征是与运动控制相关的神经区域缺乏神经递质 γ 氨基丁酸（GABA）。这个基因位于 4 号染色体上。

其他常染色体显性遗传的例子还有卷发、无雀斑、游离型耳垂、血红细胞中有 Rh 因子的存在（即恒河阳性血型）以及马凡氏综合征等。

卷舌头是一种常染色体显性遗传。

• 如果父母双方都是出现症状的杂合型（即父母两人都各有一个透明小方格、一个蓝色小方格），那么后代中有75%的概率会出现症状（即50%的概率为一个透明小方格和一个蓝色小方格的组合，25%的概率为两个透明小方格的组合，25%的概率为两种隐性基因，即两个蓝色小方格组合的正常基因型）。

综上所述，两个具有症状的杂合基因型的父母生下一个隐性基因型的孩子的概率，将一直会是四分之一。所以如果你的父母都是棕色眼睛，而你是蓝色的，不要怀疑你们是否有亲子关系，他们就是你的父母——他们都是蓝色眼睛这种隐性基因的携带者。

突变是什么？

→ X 连锁隐性遗传。

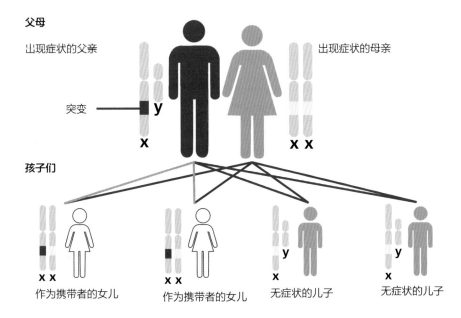

父母

出现症状的父亲

突变 ——

X

出现症状的母亲

X X

孩子们

X X
作为携带者的女儿

X X
作为携带者的女儿

X
无症状的儿子

X
无症状的儿子

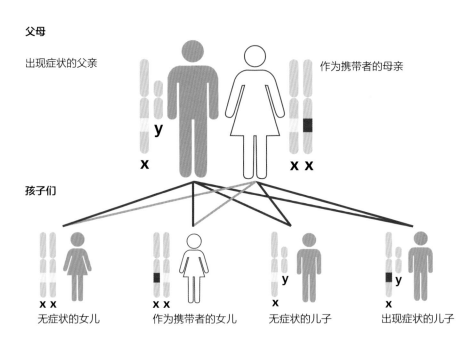

父母

出现症状的父亲

X

作为携带者的母亲

X X

孩子们

X X
无症状的女儿

X X
作为携带者的女儿

X
无症状的儿子

X
出现症状的儿子

第十一章　遗传和继承

伴性遗传

有些遗传疾病是性染色体上的基因引起的，叫作"伴性遗传"。目前还未知Y染色体是否具有致病基因，所以在伴性遗传中，X染色体和性染色体是可以通用的词汇。因为女性会遗传到两条X染色体（一条来自父亲，一条来自母亲），所以她们可能为患病等位基因的纯合子、正常等位基因的纯合或杂合子。然而，男性只有一条X染色体，所以即使只有一个X染色体隐性基因也会致病。这就是为什么男性要么出现明显患病表征，要么不出现（见上页图）。相比之下，女性只有在同时存在两个隐性致病基因（或一个显性致病基因）时才会出现明显患病表征。因此，只有一条X染色体的男性更容易受到X染色体隐性基因遗传的影响。

伴性隐性遗传的条件

杜氏肌营养不良症会导致一种叫作"抗肌萎缩蛋白"的肌肉蛋白流失，使肌肉逐渐损耗。罹患这种疾病的女性必然是这一患病基因的纯合型，从父亲那里继承了一条带有显性致病基因的X染色体（但是患有这种逐渐发展性的疾病的男人不太可能有孩子）。

结果就是，女性可能带有一个隐性致病基因，是杜氏肌营养不良症等位基因的携带者，但她身上不太可能有两个隐性致病基因。所以，罕有罹患杜氏肌营养不良症的女性病例。

甲型血友病是合成凝血因子Ⅷ所必需的肝酶缺乏导致的。多年来人们一直认为其主要发病于男孩，但也有一些女孩的病例记录。血友病现在已能得到控制（通过输注外源性凝血因子Ⅷ），所以不再被列为限制生殖遗传的基因型。因此，如果父亲是血友病患者，同时女儿也从身为携带者的母

→ X 连锁显性遗传。

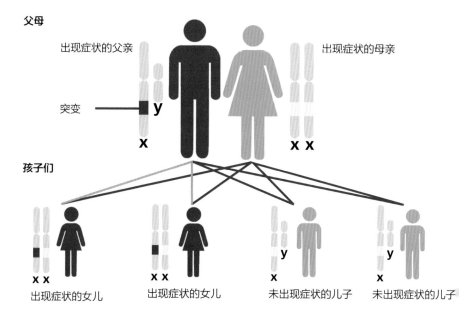

父母

出现症状的父亲　　　　出现症状的母亲

突变

孩子们

出现症状的女儿　　出现症状的女儿　　未出现症状的儿子　　未出现症状的儿子

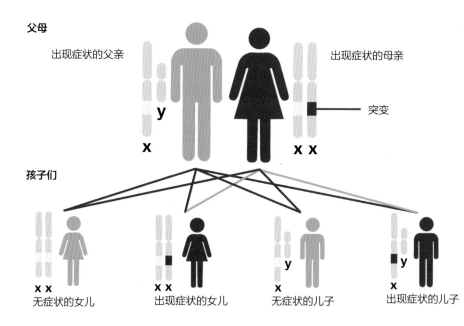

父母

出现症状的父亲　　　　出现症状的母亲

突变

孩子们

无症状的女儿　　出现症状的女儿　　无症状的儿子　　出现症状的儿子

亲那里继承了一条出现症状的 X 染色体，那么女儿就可能是这一基因的纯合型。这种突变的等位基因在总人口中极其少见。这意味着母亲一方不大可能携带这种基因，所以它依然是一种多发于男性的疾病。

重症联合免疫缺陷综合征（SCIDS）是一种隐性基因遗传病，其特征是与免疫系统相关的蛋白质数量减少。它会导致 T 淋巴细胞（有时是 B 淋巴细胞）产生缺陷——通常是数量减少，这会严重损害免疫系统。SCIDS 通常被称为"气泡男孩病"，这个名字来自 20 世纪 70 年代一起被广泛报道的案例，那个孩子生活在一个"保护性泡泡"中，与周围环境隔绝。在他十几岁时这个泡泡被移除，随后他就去世了。

X 连锁显性遗传

• 一个具有异常特征的人，通常有一个出现症状的父母。

• 如果父亲患有 X 连锁显性遗传病，他所有的女儿和儿子都不会出现症状。

• 如果母亲患有 X 连锁显性遗传病，她的每个孩子都有 50% 的概率出现明显患病表征。

• 遗传特征的证据多出现在家族史上。

• X 连锁显性遗传病对于男性通常是致命的。

• 家族史中可能多有流产的记录，以及后代多为女性。

染色体病

　　染色体疾病的病因，要么是继承的染色体数目异常，要么是遗传的染色体结构异常。

　　在生殖细胞形成时，染色体对在减数分裂时分离失败，就会导致染色体数目异常的遗传。分离失败也被视作"不分离"，可能导致生殖细胞中出现两个相同的染色体。如果这个生殖细胞参与了受精，那么所产生的受精卵将有三条染色体，被称为"三体型"——从分离失败的生殖细胞遗传过来两个拷贝，从正常的生殖细胞遗传过来第三个拷贝。然而，如果一个生殖细胞中的两个染色体拷贝分离失败后一起离开，就会产生一个没有染色体的生殖细胞。如果这个生殖细胞参与了受精，产生的受精卵将只有一个染色体拷贝，被

↓　这张图显示的是常染色体（左）以及性染色体的分离失败。

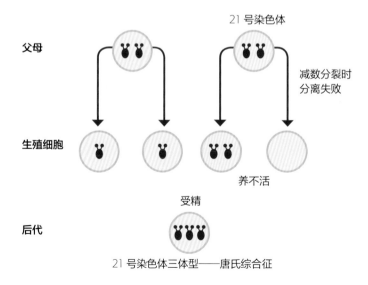

21 号染色体

父母

减数分裂时
分离失败

生殖细胞

养不活

受精

后代

21 号染色体三体型——唐氏综合征

　　　　　　　　　　　　　　第十一章　遗传和继承

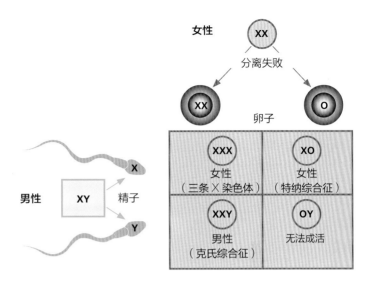

女性

XX

分离失败

XX　　　　　　　　　　O

卵子

XXX 女性 （三条 X 染色体）	XO 女性 （特纳综合征）
XXY 男性 （克氏综合征）	OY 无法成活

男性　　XY　　精子

X

Y

这张图显示了卵子的正常分离和分离失败。结果是出现了一个三体型卵细胞以及一个（养不活的）单体型卵细胞。

称为"单体型"——从正常的生殖细胞遗传过来一个拷贝，从另一个（分离失败的）生殖细胞处根本没有得到遗传拷贝。

三体型和单体型，意味着一个胚胎在相关染色体上要么有多余的等位基因，要么只有一个等位基因。这种不平衡不利于发育——如果所涉及的染色体是常染色体的话，尤其是单体型。但确实有 13、18 和 21 号染色体为三体型的婴儿出生，尽管 13 和 18 号染色体三体型胎儿通常很容易流产，即使出生了，也常常会夭折。

性染色体三体型和单体型却不乏存活的案例。无论是精子还是卵子，在形成过程中都可能发生染色体分离失败的状况，但更多还是发生在卵子的形成过程中，其发生率似乎与母体年龄的增长有关。例如，唐氏综合征（21 号染色体三体型）的概率约为 700—1000 个新生儿中会出现 1 例，但如果母亲年龄超过 35 岁，那么该风险将增加 3 倍，达到 3‰。

染色体断裂

易位是染色体的一部分发生了运动。当染色体以一种不正常的排列方式断裂并重新结合时，就会发生这种现象。当染色体的重新排列保留了正常数量的遗传物质时，就不会出现明显异常，这种情况叫作"平衡易位"。但是，当重排改变了基因表达时，就会导致可见的异常。携带有这些不平衡易位染色体的父母所生的孩子，可能会出现严重的染色体异常，比如部分单体或部分三体。目前看来，父母的年龄似乎不是易位出现的影响因素。

移植基因

基因移植（被称为"转基因"）是一个令人鼓舞的科学进展，有助于预防或治疗遗传病。

它包括将一个"健康"等位基因的DNA整合到一个病毒载体生物（简称"载体"）上。这些载体已经使用过，因为病毒特别针对特定的宿主组织，它们可能需要移植基因。病毒DNA（与捐赠者的"健康DNA"一起）被集成到受者的"异常"细胞的DNA上。如果移植的供者的等位基因是显性的，就会纠正遗传的隐性基因疾病。为了有效地纠正已经存在的疾病，必须将正常的等位

遗传条件

三体型

21号染色体三体型通常被称为"唐氏综合征"（以第一位描述它的临床医生的名字而命名），它是患者能存活的唯一一种常染色体三体型疾病。21号三体型会表现出众多异常的发育特征，因为患儿有三个基因在争抢表达权，而非正常人的两个。这些异常包括了不同程度的学习障碍，独特的面部特征——特别是额头和眼睛，总是张开嘴伸出舌头，心血管异常——尤其是心脏结构，头骨存在第三个囟门，只有一条掌纹。

克氏综合征

克氏综合征只存在于男性中，患者拥有一条额外的X染色体，所以是XXY。结果表现为睾丸很小，雄性激素分泌很低。精子也可能是缺失的，尽管有些能够生育。

三体型

X染色体三体型也被称为三倍X染色体综合征，在人群中比较常见，但个体通常没有明显的特征。因为缺少的是Y染色体，患三倍X染色体综合征的人都是女性。虽然她们中有些会出现月经困难，但大多是有生育能力的。

单体型

通常，细胞的每个染色体至少需要两个拷贝，因此单体型胎儿不可能长到足月，唯一的例外是特纳综合征，患者的染色体是XO，只有一个X染色体。即便如此，由于没有Y染色体，每100个病历中也只有2个女性能发育到足月并出生。她们的性腺发育和身体生长都很缓慢，可能会有一系列的系统性问题。
如果一个受精卵只遗传了一个Y染色体（即YO），那么它根本不会发育。显然，至少一个X染色体拷贝是胎儿发育的最低要求。

第十一章 遗传和继承

基因移植到已经分化的接受者组织中出现明显患病表征的大多数细胞中。有一种方法是将健康的基因移植到干细胞（即可以产生新组织细胞的细胞）中，然后将干细胞（与健康的 DNA 一起）引进患有遗传疾病的人体内。这项技术已被用于治疗婴儿白血病，目前正在尝试引入足够的基因，以显著改善患有囊性纤维和糖尿病等患者的健康状况。

遗传指纹分析

科学家能够将一个 DNA 样本复制多次，确定样本的遗传编码，从而分析 DNA 的微小痕迹。这一分析有助于进行犯罪调查（这便是 "DNA 指纹图谱" 的由来），识别相关的植物或动物物种（不管是现存的，还是已灭绝的），还有助于找出人类文明的进化关联。

通过分析从犯罪现场提取的样本的基因组成，探员们可以将其与嫌疑人的 DNA 进行比对。

色体病

照片来源

图例来源